Madhu Mohan V
Ravi Muchakayala

Electrólitos Compostos de Polímeros e Materiais de Cátodo para Dispositivos Iónicos

Madhu Mohan V
Ravi Muchakayala

Electrólitos Compostos de Polímeros e Materiais de Cátodo para Dispositivos Iónicos

Síntese de electrólitos compósitos poliméricos e materiais catódicos nanoestruturados para baterias recarregáveis de iões de lítio

ScienciaScripts

Imprint
Any brand names and product names mentioned in this book are subject to trademark, brand or patent protection and are trademarks or registered trademarks of their respective holders. The use of brand names, product names, common names, trade names, product descriptions etc. even without a particular marking in this work is in no way to be construed to mean that such names may be regarded as unrestricted in respect of trademark and brand protection legislation and could thus be used by anyone.

Cover image: www.ingimage.com

This book is a translation from the original published under ISBN 978-3-659-91139-2.

Publisher:
Sciencia Scripts
is a trademark of
Dodo Books Indian Ocean Ltd. and OmniScriptum S.R.L publishing group

120 High Road, East Finchley, London, N2 9ED, United Kingdom
Str. Armeneasca 28/1, office 1, Chisinau MD-2012, Republic of Moldova, Europe
Printed at: see last page
ISBN: 978-620-7-94588-7

Índice:

Dr. V. Madhu Mohan Dr. Muchakayala Ravi

Electrólitos compósitos de polímeros e materiais catódicos para dispositivos iónicos

Síntese de electrólitos compósitos poliméricos e materiais catódicos nanoestruturados para baterias recarregáveis de iões de lítio

Electrólitos compósitos de polímeros e materiais catódicos para dispositivos iónicos

DESCRIÇÃO DO LIVRO:

Recentemente, em todo o mundo, tem-se procurado desenvolver novos materiais para electrólitos e eléctrodos, a fim de satisfazer a procura de fontes de energia nos dispositivos electrónicos modernos. O eletrólito modificado, os materiais de eléctrodos e a sua funcionalidade melhorarão consideravelmente o desempenho dos dispositivos iónicos. Os futuros dispositivos de energia e o desenvolvimento das suas tecnologias dependem dos materiais electrolíticos e de eléctrodos. Assim, são descritas as técnicas de síntese e caraterização relacionadas com electrólitos compósitos à base de polímeros e materiais de eléctrodos nanoestruturados. Esperamos que este livro seja útil para estudantes, investigadores, cientistas e professores para o desenvolvimento de novos dispositivos de armazenamento de energia.

Dados biográficos do autor

O Dr. V.M.Mohan obteve o seu doutoramento em 2007 no Departamento de Física da Universidade Sri Venkateswara, Tirupathi, Índia. Trabalhou como investigador de pós-doutoramento na Universidade de Tecnologia de Wuhan, República Popular da China, durante o período de julho de 2007 a junho de 2009. Trabalhou como investigador sénior, de setembro de 2009 a março de 2014, no Instituto de Investigação de Eletrónica da Universidade de Shizuoka, Japão. Trabalhou como professor associado no S.V. College of Engineering, Tirupathi, durante 2015-2017. Atualmente, trabalha como membro do corpo docente no (RGUKT), ou seja, no Instituto Internacional de Tecnologia da Informação (IIIT), Ongole, Andrapradesh, Índia. Os seus interesses de investigação são electrólitos compósitos de nanopolímeros, electrólitos de polímeros em gel, síntese de vários nanomateriais inorgânicos e seus compósitos para baterias de iões de lítio e células solares sensibilizadas por corantes.

O Dr. MUCHAKAYALA RAVI é investigador de pós-doutoramento no Laboratório Principal de Materiais Avançados de Shenzhen, Instituto de Tecnologia de Harbin, Escola de Pós-Graduação de Shenzhen, Shenzhen, R.P. China. Obteve o seu doutoramento (2012) em Física na Universidade Sri Venkateswara, Tirupati, Índia. Durante o período de doutoramento (2008-2012), trabalhou como bolseiro de investigação júnior e sénior no âmbito do prestigiado programa UGC Sponsored Programa "Research Fellowship in Sciences for Meritorious Students (RFSMS), do Governo da Índia. Trabalha também como investigador a tempo parcial no Departamento de Gestão do Desenvolvimento da Ciência e da Tecnologia, Ton Duc Thang Universidade, Cidade de Ho Chi Minh, Vietname. Os seus actuais interesses de investigação incluem electrólitos de polímeros, baterias de iões de lítio e supercapacitores. Publicou mais de 35 artigos de investigação em revistas internacionais de renome e também ajudou vários estudantes de pós-graduação a concluir os seus trabalhos de investigação.

RESUMO

"Preparação e caraterização de (PVA+LiAsFe), (PVA+LiFePO4) Complexos e Filmes Compósitos de Electrólitos Poliméricos e Síntese e Caracterização de Surfactantes Poliméricos e Compósitos de Cátodos com Nanoestruturas de V2O5, MoO3 para Baterias Recarregáveis de Lítio" resumo composto por duas secções".

Secção I

O principal objetivo do presente estudo é preparar electrólitos poliméricos compostos e complexos poliméricos de longa duração e economicamente viáveis para várias aplicações, tais como baterias de estado sólido de elevado desempenho, células de combustível de conversão de energia eficiente, sensores químicos, condensadores electroquímicos, janelas ou ecrãs electrocrómicos, dispositivos de memória analógica, etc. A principal preocupação seria desenvolver uma concentração óptima de sais de PVA, LiAsF6, LiFePO4 com a adição de nanopartículas de Al2O3, TiO2 para um melhor desempenho das células electroquímicas, ao mesmo tempo que se compreende a natureza dos mecanismos no sistema de electrólitos poliméricos.

Em comparação com os electrólitos de polímeros alcalinos à base de PEO, a condutividade dos electrólitos de polímeros alcalinos à base de PVA é geralmente mais elevada. Por exemplo, a condutividade do eletrólito de polímero PVA-KOH-H2O pode atingir a ordem dos 10^{-2} S cm^{-1} . Além disso, este polímero PVA é pouco dispendioso.

Foram preparadas películas de PVA puro e vários teores de películas complexadas de PVA+LiAsF6 e PVA+LiFePO4, PVA+LiAsF6+AEO3 e PVA+ LiAsF6+TiO2 em diferentes proporções de wt% através da técnica de moldagem em solução utilizando água como solvente. Estas películas foram caracterizadas através do estudo da sua composição, estrutura, condutividade eléctrica, intervalos de banda ótica, número de transferência e propriedades dieléctricas. Os resultados são os seguintes.

A condutividade iónica dos electrólitos de polímeros puros é da ordem de 10^{-8} a 10^{-9} S cm^{-1} à temperatura ambiente e a sua variação à temperatura ambiente é muito pequena. No entanto, a variação é apreciável a temperaturas mais elevadas. A condutividade aumenta com a temperatura nos electrólitos poliméricos puros e também para todas as composições de sistemas de electrólitos poliméricos complexados com sais metálicos. Os valores de condutividade não seguem qualquer salto abrupto com a temperatura, o que indica que estes

apresentam uma estrutura completamente amorfa. Os efeitos máximos sobre a condutividade foram encontrados em PVA+LiAsFe+AhOs, PVA+LiAsFe+TiO? a 5 wt% AH); e os teores de cargas cerâmicas de TiO2 7,31x10^{-5} S cm^{-1} ,5,10x10^{-4} S cm^{-1} respetivamente, a 320 K. A capacidade de movimento dos iões pode ser associada à diminuição da viscosidade e, por conseguinte, ao aumento da flexibilidade da cadeia, os dados relativos à condutividade e à temperatura obedecem a uma relação de Arrhenius. A natureza do transporte catiónico é bastante semelhante à que ocorre nos cristais iónicos. Os números de transferência foram de 0,40 e 0,52 para as películas de polímero PVA+LiAsF6 e PVA+LiAsF6+TiO2, respetivamente.

Os valores dos bordos de absorção e as energias de transição direta permitidas foram avaliados extrapolando as partes lineares das curvas para o valor de absorção zero. O intervalo de banda ótica direta e os intervalos de banda ótica indireta foram avaliados a partir dos gráficos de $(ahv)^2$ e $(ahv)^{1/2}$ respetivamente, em função da energia dos fotões (*hv*). Observa-se que o limite de absorção para o PVA puro se situa em 5,76 eV, enquanto que para as películas de PVA dopadas com 20 e 25 wt.% de LiAsF6 o limite de absorção se situa em 4,87 eV e 4,70 eV, respetivamente. Para o PVA puro, observou-se que o intervalo de banda ótica direta era de 5,40 eV, enquanto que para as películas dopadas os valores eram de 5,12 eV e 4,87 eV, respetivamente. Para o PVA puro, a banda indireta situa-se em 4,75 eV, enquanto que para as películas dopadas o seu valor é de 4,45 eV e 4,30 eV, respetivamente.

As propriedades dieléctricas, tais como a permissividade dieléctrica dependente da frequência e da temperatura (v^1), a terra dependente da frequência e da temperatura, a variação da tangente de perda ou do fator de dissipação (tan *A*) foram analisadas para películas de PVA+LiAsF6 e PVA+LiFePO4. Um estudo eletroquímico revela que os filmes com concentração de sal apresentam uma capacidade específica mais elevada do que os filmes puros.

Secção II

Hoje em dia, o desafio ambiental do aquecimento global resultante do consumo de combustíveis fósseis é cada vez mais grave, pelo que a importância dos dispositivos electroquímicos de conversão/armazenamento de energia não pode ser subestimada. Entre eles, as baterias recarregáveis de iões de lítio (LIB) têm sido amplamente utilizadas em vários dispositivos electrónicos portáteis. Atualmente, os investigadores dedicam especial atenção aos compostos à base de óxido de vanádio (V) e trióxidos de molibdénio, devido às suas características desejáveis e às suas típicas estruturas bidimensionais em camadas, que manifestam substâncias compostas. Uma caraterística dos compostos em camadas é uma estrutura quase unidimensional e a desordem turbostática das suas camadas. Os MoOs podem ser classificados como um dos óxidos de metais de transição do tipo conversão e têm características vantajosas adicionais de baixo custo e segurança ambiental, bem como maior capacidade específica.

O objetivo do presente trabalho é desenvolver cátodos nanoestruturados de óxidos metálicos compostos por polímeros para baterias de lítio à base de pentóxido de vanádio e trióxido de molibdénio. Nanobeltas de VO2 Os compósitos PEO/VO2nanobeltas foram foram sintetizados com sucesso por via hidrotérmica utilizando o líquido orgânico 2PC ($C_4H_6O_3$) como modelo. Os nanobelts de trióxido de molibdénio e os compósitos de nanobelts de PANI/MoOs foram sintetizados pelo método hidrotérmico sem utilizar qualquer modelo. Foi observado o efeito do PEG como surfactante nos nanotubos de V2O5 e nos nanobelts de MoOs. As propriedades electroquímicas foram discutidas da seguinte forma:

A capacidade de descarga dos nanobelts de VO2 mostrou 152 $mAhg^{-1}$ no primeiro ciclo e diminui gradualmente nos ciclos seguintes, mantendo ainda 115 $mAhg^{-1}$ após 50 ciclos, o que corresponde a cerca de 75,6 % da sua capacidade inicial. A estabilidade de descarga do compósito PEO/VO2 nanobelt torna-se mais elevada, em comparação com a dos nanobelts de VO2 puro, porque parte do espaço ocupado pelo PEO entre os nanobelts.

O compósito de nanocamadas de PANI/MoOs parece estabilizar a capacidade específica ao quinto ciclo em 88,93%, em comparação com a das nanobeltas de MoOs puras (78,90%). A bateria composta de 0,02 mol% de PANI/nanobeltas de MoOs apresenta, após 25 ciclos, 171 $mAhg^{-1}$, uma capacidade específica mais estabilizada do que a das nanobeltas de MoOs puro (92 $mAhg^{-1}$).

A eficiência do terceiro ciclo (Qs) dos nanotubos de V2O5 e dos nanotubos de V2O5 com tensioativo PEO foi de 94,6 e 96,8 %, respetivamente. Entretanto, a eficiência do décimo ciclo (Q_{10}) do nanotubo de V2O5 e dos nanotubos de V2O5 com tensioativo PEO foi de 74,8% e 85,6%, respetivamente. Estes resultados indicam que a estabilidade cíclica dos nanotubos de V2O5 com tensioativo PEO aumentou quando comparada com a dos nanotubos de V2O5.

Os nanobelts de MoOs com tensioativo PEG parecem ter uma capacidade específica mais elevada no quinto ciclo, 82,6%, em comparação com os nanobelts de MoOs puros (78,9%). As nanobritas de MoOs com 0,5 mol% de tensioativo PEG apresentam uma melhor capacidade específica estabilizada de 156 $mAhg^{-1}$ a 25 ciclosth , mais elevada do que as nanobritas de MoOs puro (92 $mAhg^{-1}$). O surfactante PEG MoO_3 nanobelts exibiu menos resistência elétrica em comparação com nanobelts MoO_3 puros.

Palavras-chave: eletrólito de polímero nanocomposto, condutividade iónica, número de transferência de iões Li+, materiais nanoestruturados para eléctrodos catódicos, propriedades electroquímicas

Capítulo 1
INTRODUÇÃO

A Iónica do Estado Sólido é um domínio relativamente novo da ciência e tecnologia dos materiais que trata dos sólidos que apresentam condutividades iónicas elevadas (10 a 10^{-4} S cm^{-1}) comparáveis às dos electrólitos líquidos. Por conseguinte, estes sólidos são designados por condutores superiónicos (SIC) ou condutores iónicos rápidos (FIC). Possuem um baixo valor de energia de ativação para a migração de iões a temperaturas muito inferiores ao seu ponto de fusão. A importância tecnológica desta classe de materiais pode ser explicada com base na sua utilização em baterias de estado sólido, células de combustível, sensores, etc. A procura de electrólitos sólidos teve origem no facto de a maioria dos electrólitos líquidos ter muitas desvantagens inerentes, como um tempo de vida curto, o não funcionamento dos dispositivos abaixo do ponto de congelação e acima do ponto de ebulição do eletrólito, a fuga do eletrólito do dispositivo, etc.

Para ultrapassar estas deficiências, foi iniciada a procura de uma alternativa e, como resultado, temos hoje materiais com uma condutividade iónica razoavelmente elevada. Os electrólitos sólidos com elevada condutividade são conhecidos desde a descoberta por Faraday da condução eléctrica em sólidos não metálicos PbF2 e Ag2S a temperaturas muito abaixo do seu ponto de fusão, no período de 1833-1838 [1]. Estes dois materiais continuam a ser de grande interesse como exemplos de condutores iónicos rápidos. thDurante o século XX, Frenkel [2] propôs o mecanismo clássico que explica como a eletricidade pode ser conduzida através de sólidos iónicos pelo fluxo de iões. Este mecanismo estabeleceu uma base estrutural clara para a ocorrência de condutividade iónica num sólido cristalino como o Ag2Hgl4 [3]. O trabalho moderno nesta área começou essencialmente com o relatório de Yao e Kumar [4] sobre a beta alumina sódica, que tem uma condutividade iónica de sódio à temperatura ambiente comparável à de uma solução aquosa de cloreto de sódio. O fabrico simultâneo da bateria de sódio/beta-alumina/enxofre por Yao e Kumar [4] na Ford Motor Company intensificou o interesse nas aplicações comerciais de electrólitos sólidos. Subsequentemente, foram sintetizados muitos outros condutores super iónicos.

1.1 CLASSIFICAÇÃO DOS SÓLIDOS IÓNICOS

A condução iónica nestes sólidos é possível devido à presença de defeitos ou imperfeições. Com base na ideia de defeito, estes sólidos iónicos podem ser classificados em dois tipos - defeitos pontuais e sub-rede fundida. Nos sólidos do tipo defeito pontual, o transporte de iões é feito através de defeitos de Frenkel ou Schottky e, por conseguinte, a condutividade aumenta com a temperatura [5, 6]. Nos sólidos do tipo sub-rede fundida, os iões podem mover-se livremente de uma posição para outra, uma vez que todos os iões estão disponíveis para transporte [5]. Neste tipo de sólidos, a energia de ativação é comparativamente menor e, por conseguinte, a condutividade é elevada.

Com base na quantidade de iões móveis disponíveis e na concentração de defeitos (n), estes sólidos iónicos podem ser classificados em duas categorias.

1.1.1 Condutores iónicos normais (NICs)

Sabe-se que sólidos como o KCl, o NaCl, etc., têm uma condutividade iónica muito baixa à temperatura ambiente (condutividade 10 -10^{-14-12} S cm^{-1}), pelo que são designados por condutores iónicos normais (NIC). Estes materiais terão defeitos pontuais diluídos da ordem dos 10^{18} cm^{-3} . Nestes sólidos, as imperfeições geradas termicamente são responsáveis pela migração dos iões [6, 7]. Uma vez que a condução é devida a defeitos gerados termicamente, o processo de ativação envolve tanto a energia devida à formação de defeitos (hf) como a energia devida à migração de iões (Am). A condutividade é expressa como

$$\sigma = (\sigma_0 / T) \exp(-h_f / 2kT) \exp(-h_m / 2kT) \qquad (1.1)$$

em que *Oo* é o fator pré-exponencial, *k* é a constante de Boltzmann e *T* é a temperatura absoluta.

1.1.2 Super condutores iónicos (SICs)

A dependência da temperatura da condutividade (10-6-10^{-1} S cm^{-1}) destes sólidos mostra um comportamento invulgar, com a condutividade a aumentar abruptamente em várias ordens de grandeza, conduzindo a uma fase de elevada condução iónica a temperaturas mais elevadas. Foram sintetizados vários compostos que exibem uma condutividade iónica muito elevada a temperaturas mais elevadas, bem como à temperatura ambiente [8-12]. Estes materiais são designados por condutores superiónicos. Nos SICs, a concentração de portadores é muito elevada e a entalpia de formação de defeitos é quase nula. A expressão da condutividade é escrita como

$$\sigma = (\sigma_o / T) \exp(-E_a/kT) \qquad (1.2)$$

em que a energia de ativação, E_a, se deve apenas à migração de iões e a> é o fator pré-exponencial, k é a constante de Boltzmann e T é a temperatura absoluta.

1.2 características especiais dos condutores super iónicos (sic)

Nestes sólidos, a elevada condutividade iónica observada é conseguida através de transições de fase a uma determinada temperatura, ou seja, transição de fase isolador-SIC e transição de fase ordem-desordem [13-14].

A transição de fase isolador-SIC é caracterizada por

- uma descontinuidade na curva de condutividade vs. *1/T.*
- um calor latente, típico de uma transição de primeira ordem.
- uma mudança na simetria da rede.

A transição de fase ordem-desordem é caracterizada por

- ausência de alteração brusca da condutividade.
- continuidade da curva condutividade vs 1/T com mudança de estado num ponto de transição.
- sem alteração da simetria da rede.

As características destes condutores são

- a ligação é essencialmente de natureza iónica.
- a sua condutividade eletrónica é baixa (~ < 10^{-8} S/cm) e a energia de ativação é baixa (< 0,5 eV).
- a condução é predominantemente devida a iões e o seu número de transferência iónica é próximo da unidade.
- o transporte de iões ocorre através das vias de condução favoráveis através das fronteiras intergranulares e interpartículas.
- observa-se a compatibilidade química e eletroquímica e uma boa aderência para o contacto mecânico com materiais de eléctrodos sólidos.
- a contribuição da condutividade eletrónica para a condutividade total é quase negligenciável.
- o número de locais energeticamente equivalentes disponíveis para a migração de iões é maior do que o número de iões móveis.

1.3 CLASSIFICAÇÃO DOS CONDUTORES SUPER IÓNICOS

Os sólidos superiónicos são classificados principalmente com base em

- tipo de ligação.
- estado de sólido.

- ião móvel devido ao qual ocorre a condução.

- polaridade da amostra.

Os sólidos superiónicos podem ser sólidos com ligações covalentes ou iónicas. Nos sólidos covalentes, particularmente nos cristais, as partículas constituintes não participam no processo de condução, uma vez que a ligação covalente forma uma estrutura estável. No entanto, os cristais podem ter uma estrutura tal que os iões estranhos podem difundir-se no interior do cristal. Os condutores iónicos rápidos com ligações covalentes são em menor número. Entre os sólidos iónicos, podem ser puramente iónicos ou parcialmente semicondutores, dependendo da gama de temperaturas. Estes condutores iónicos rápidos também podem ser classificados como cristalinos e amorfos com base no estado do sólido.

Os sólidos iónicos cristalinos podem ser divididos em duas categorias, de acordo com o número de defeitos.

- Tipo de defeito pontual
  -Diluir (menos de 10^{18} cm^{-3})
  -Concentrada (10 -10^{1820} cm $)^{-3}$

- Tipo de sub-rede fundida (~10^{22} cm $)^{-3}$

De um modo geral, os sólidos superiónicos pertencem à categoria 1(ii) ou 2. Os materiais podem também ser de natureza policristalina e a principal vantagem das amostras policristalinas é que podem ser utilizadas em aplicações tecnológicas, especialmente em baterias, simplesmente devido à facilidade e ao custo de preparação.

No âmbito dos sólidos amorfos, os vidros, as resinas de permuta iónica e os polímeros são as entidades a destacar com especial referência. Os materiais amorfos como electrólitos sólidos em dispositivos electroquímicos têm atraído uma grande atenção devido às suas características vantajosas, tais como

- a ausência de limites de grão.

- facilidade de formação do vidro.

- propriedades isotrópicas e utilização de catiões formadores de vidro como sondas espectroscópicas.

- facilidade de os moldar em forma de película fina de qualquer tamanho e forma.

Para além destas classificações, os sólidos superiónicos podem ser separados em função do tipo de ião móvel responsável pela condução, nomeadamente

(a) Condutores de iões de óxido

Em geral, estes óxidos assumem a estrutura de fluorite, por exemplo $CeO2$ e ThO_2, entre a temperatura ambiente e os pontos de fusão. Estes óxidos distinguem-se pelo facto de formarem soluções sólidas numa gama de composição invulgarmente ampla com óxidos de terras alcalinas ou terras raras, como o CaO e o Y_2O_3. Posteriormente, verificou-se que outros compostos, como o tório estabilizado com ítria e a zircónia estabilizada com cálcio, com uma estrutura de fluorite distorcida, apresentam uma boa condução do ião oxigénio. Em geral, segundo esta classificação, forma-se facilmente uma fase de solução sólida homogénea quando os tamanhos dos catiões de um hospedeiro (como o CeO_2) e de um convidado (como o Gd_2O_3) são praticamente iguais. Estes condutores de iões de oxigénio têm um bom campo de aplicação em dispositivos iónicos de estado sólido, como sensores, medidores de pressão parcial e células de combustível.

(b) Condutores de iões de fluoreto

Os iões fluoreto podem conduzir através das suas vacâncias e, por conseguinte, estes iões são mais condutores em sólidos do que os iões óxido, porque os primeiros são univalentes, enquanto os raios iónicos destes dois iões são quase os mesmos. Por exemplo, o CaF2 incorporado com 1mol% de NaF apresenta uma condutividade de 10-3 Q^{-1} cm^{-1} através das suas lacunas geradas pela substituição parcial dos locais do ião Ca^{2+} por um catião monovalente como o Na^{+} . Existe uma condutividade até 10^{-4} Q^{-1} cm^{-1} à temperatura ambiente em material sinterizado (por exemplo, TiSn2F5) e observa-se uma condutividade máxima de cerca de 10^{-2} ohm^{-1} cm^{-1} a 327 C em monocristais de La0,95 Ba0,08F2,92. O β- PbF2 apresenta uma condutividade tão grande como 10 $Q^{-1\ -1}$ cm^{-1} a 400°C e 10^{-6} Q^{-1} cm^{-1} mesmo à temperatura ambiente sem impurezas aliovalentes. Entretanto, outros halogenetos (como o SrCl2) apresentam uma condução aniónica notável a temperaturas mais elevadas, como 1000 C. Mas a sua condutividade à temperatura ambiente é muito inferior à dos fluoretos. O fluoreto de terras raras, por si só e adicionado como dopante a fluoretos como o CaF2, revela-se um bom condutor de iões F^{-} . Muitos outros condutores de iões fluoreto do tipo KBiF4 e LaF3 têm também uma elevada condutividade iónica da ordem de 10-3 Q^{-1} cm^{-1} a 100° C. Os electrólitos amorfos condutores de iões fluoreto têm também sido referidos como possuindo uma condutividade relativamente elevada para aplicações práticas em dispositivos iónicos de estado sólido.

(c) Condutores de protões

O protão, o núcleo atómico do hidrogénio, é extremamente pequeno em comparação com os raios iónicos dos iões comuns, permitindo assim que os iões H^{+} atravessem um canal composto por água não estrutural ou zeolítica como se estivesse em fase de solução. Os iões H+ nunca se deslocarão, mas ligar-se-ão a uma unidade molecular de um cristal e transferir-se-ão de um local para outro por rotação molecular. A teoria do "mecanismo veicular" explica que o protão se conduz como um ião de raio normal, como o $H3O^{+}$ ou o $NH4^{+}$. Neste caso, é necessária a contra-difusão de uma molécula veículo como o H2O ou o NH3 para a condução. Além disso, as membranas de permuta iónica apresentam uma condução de protões da ordem de 10^{-2} Q^{-1} cm^{-1} se estiverem inchadas com 10% a alguns múltiplos de 10% de peso de água. O comportamento de movimento dos iões H^{+} no polímero inchado é semelhante ao da solução ácida. À medida que as membranas são secas, a condutividade diminui e, por conseguinte, estas são intermediárias entre electrólitos sólidos e soluções ácidas. Mas o PEO-CF3SO3Li apresenta uma elevada condutividade iónica mesmo depois de seco.

(d) Condutores de iões de lítio

Todos os cristais de LiX (X= F, CI, Br e I) apresentam uma estrutura do tipo NaCl. Com exceção do Lil, todos eles são cristais quase iónicos e isoladores à temperatura ambiente. Embora a natureza da ligação do LiI seja, em certa medida, covalente, produz uma condutividade da ordem de 10^{-1} Q^{-1} cm^{-1} devido à grande polarizabilidade dos iões I^{-} (seis ordens de grandeza inferior à do RbAg4I5).

Os halogenetos metálicos complexos com a estrutura espinal inversa, Li2MX4, são exemplos de condutores de Li+ do tipo halogeneto. Os nitretos de lítio, Li3N, como tal não têm maior condutividade, mas o Li3N intencionalmente dopado com hidrogénio apresenta maior condutividade. Alguns sais de lítio com oxiácidos simples, como o Li3PO4 e o Li4SiO4, apresentam uma considerável condução de Li+ a altas temperaturas. Estes compostos possuem uma "estrutura aberta" para o transporte de iões.

1.3.1 Óculos

A detenção da fase de desordem dos condutores iónicos normais na presença de modificadores de vidro à temperatura ambiente é conhecida como iónica vítrea. A elevada condutividade iónica nos electrólitos vítreos tem sido atribuída à distribuição desordenada de iões móveis na estrutura aleatória do vidro.

1.3.2 Materiais electrolíticos de polímeros sólidos

Os electrólitos poliméricos sólidos são materiais de interesse atual devido às suas propriedades mecânicas especiais, à facilidade de fabrico de películas finas de dimensões desejáveis e aos contactos eletrólito-eletrólito adequados em diferentes dispositivos electroquímicos. A classe dominante de electrólitos poliméricos inclui os polímeros polares neutros complexados com metais alcalinos/divalentes/metais de transição/sais de amónio e ácidos. Fenton et al. [15] e Wright [16] foram os primeiros a demonstrar que os complexos de óxido de polietileno (PEO)-sais de metais alcalinos são condutores iónicos. Mais tarde, Armand et al. [17] demonstraram a importância tecnológica destes electrólitos poliméricos. Desde então, o tema dos electrólitos poliméricos tem sido objeto de uma intensa investigação [18, 19]. A fim de aumentar a condutividade destas películas de electrólitos poliméricos, foi recentemente utilizado o método de dopagem heterogénea. Neste método, partículas insolúveis e isolantes ultrafinas são dispersas na matriz de electrólitos ionicamente condutores.

Estes materiais multifásicos, conhecidos como "electrólitos compostos" ou "electrólitos sólidos de fase dispersa" ou "electrólitos heterogéneos", apresentam uma condutividade iónica de 2-3 ordens de grandeza superior à dos electrólitos sólidos hospedeiros puros. Dissanayake et al. [19] e Zalewska [20] utilizaram AhO3 e TiO2 como cargas para preparar os electrólitos poliméricos compostos. Scrosati et.al [21] utilizaram S-ZrO2 como carga no sistema de eletrólito polimérico PEO:LiClO4.

1.4 CLASSIFICAÇÃO DOS MATERIAIS ELECTROLÍTICOS POLIMÉRICOS SÓLIDOS

Os materiais electrolíticos poliméricos são classificados, em termos gerais, nos seguintes grupos

- Polímeros inchados por solventes
- Polielectrólito
- Complexos polímero-sal sem solventes

1.4.1 Polímeros inchados por solventes

Alguns solventes (aquosos/não aquosos) incham a rede hospedeira de alguns polímeros básicos como o álcool polivinílico (PVA) ou a polivinilpirrolidona (PVP). Os solutos iónicos dopantes, como o H3PO4, são acomodados nestas redes inchadas e ajudam o movimento iónico nas regiões inchadas ricas em solvente do polímero hospedeiro [22]. Estes materiais são, em geral, instáveis, uma vez que a sua condutividade depende da temperatura ambiente e da concentração do solvente na região inchada.

1.4.2 Polielectrólito

Os polielectrólitos são polímeros que possuem grupos geradores de iões responsáveis pela condutividade iónica ligados à cadeia principal do polímero. Alguns exemplos importantes são os polielectrólitos à base de ácido polissulfónico, como o Nafion, o poliestireno sulfato de sódio, etc. O principal atrativo destes polímeros é o transporte de um único ião em massa [23, 24].

1.4.3 Complexos polímeros-sal sem solventes

Estes são os materiais mais comuns e têm sido amplamente estudados. Estes materiais são preparados, em geral, sob a forma de películas, através da técnica de moldagem em solução (solventes comuns: acetonitrilo, metanol, etanol, água propanol, etc.) em que a solução de polímeros e sais de metais alcalinos monovalentes/divalentes/metais de transição e sais de amónio são misturados, agitados cuidadosamente e moldados em pratos de teflon/polipropileno. As soluções são lentamente evaporadas por secagem sob vácuo e aquecimento para produzir a película final, isenta de solventes e essencialmente constituída por um polímero complexado com iões.

Os electrólitos poliméricos são películas sólidas finas constituídas por sais iónicos dissolvidos num polímero adequado. Mecanicamente, comportam-se como sólidos, mas a estrutura interna e, consequentemente, o comportamento em termos de condutividade, assemelham-se muito aos esperados no estado líquido.

1.5 CRITÉRIOS PARA A COMPLEXAÇÃO POLÍMERO - SAL

Para uma complexação/solvatação eficaz de sais em polímeros, os seguintes critérios podem ser considerados como "regras gerais".

- Os polímeros devem ter uma temperatura de transição vítrea baixa (7g) e uma espinha dorsal flexível que assegure a complexação. Pode obter-se uma baixa *7g escolhendo* polímeros de baixa energia coesiva (como PEO, PPO, PEI, etc.) ou plastificando o polímero.
- A concentração dos grupos polares (ou hetero-átomos solvatantes) responsáveis pela complexação dos catiões deve ser tão grande quanto possível.

1.6 APLICAÇÕES DE ELECTRÓLITOS DE POLÍMEROS SÓLIDOS

Os electrólitos poliméricos têm várias aplicações em dispositivos electroquímicos de estado sólido, tais como baterias de estado sólido, células de combustível, sensores e dispositivos de visualização electrocrómica, supercapacitores. As aplicações dos condutores superiónicos podem ser classificadas em duas categorias: aplicações para baterias e aplicações não relacionadas com baterias. A secção seguinte descreve sucintamente essas aplicações.

1.6.1 Aplicações da bateria

Quando um eletrólito sólido é colocado entre dois eléctrodos com potenciais químicos diferentes, desenvolve-se uma fem eletroquímica. Em comparação com as células electrolíticas líquidas, as células galvânicas de eletrólito sólido têm a vantagem de apresentar uma vasta gama de temperaturas de funcionamento, uma longa vida útil e a possibilidade de miniaturização, uma vez que o eletrólito pode ser revestido por películas finas. Existem boas análises sobre baterias de estado sólido baseadas em diferentes condutores superiónicos [25-31]. A Figura 1.1 apresenta uma conceção típica de uma bateria de eletrólito de polímero de lítio. De um modo geral, as células electroquímicas de estado sólido podem ser classificadas em duas categorias.

- Baterias primárias
- Baterias secundárias/ recarregáveis

Se o produto da reação celular puder ser decomposto nos reagentes originais simplesmente aplicando uma tensão suficiente à pilha durante um período de tempo suficientemente longo, então a pilha é designada por pilha secundária e é recarregável. Se a reação da célula não for reversível desta forma, a pilha é designada por pilha primária. Uma pilha durante a descarga é designada por célula galvânica e uma pilha secundária em recarga é designada por célula electrolítica. No caso das pilhas secundárias, a polaridade dos eléctrodos, + ou - , permanece a mesma, quer a pilha esteja em condições de carga ou de descarga, mas, uma vez que a inversão da reação da pilha implica a mudança do processo de oxidação para um processo de redução e vice-versa, a posição do ânodo e do cátodo são trocadas, como se mostra na Figura 1.2. A direção do fluxo de electrões através do circuito externo e do fluxo da corrente iónica através do eletrólito é mostrada na figura 1.3.

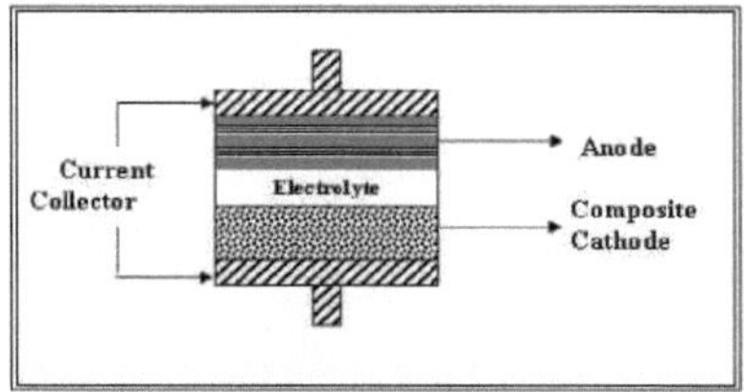

Figura 1.1 Uma conceção típica de uma bateria de polímeros de estado sólido

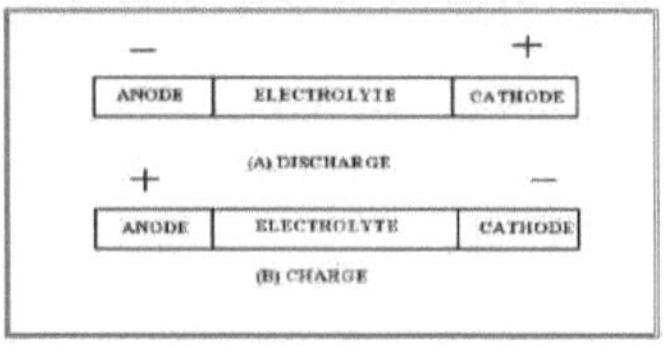

– +
ANODE | ELECTROLYTE | CATHODE
(A) DISCHARGE
+ –
ANODE | ELECTROLYTE | CATHODE
(B) CHARGE

Figura 1.2 Baterias recarregáveis de três camadas constituídas por elétrodo esquerdo/ eletrólito/ elétrodo direito

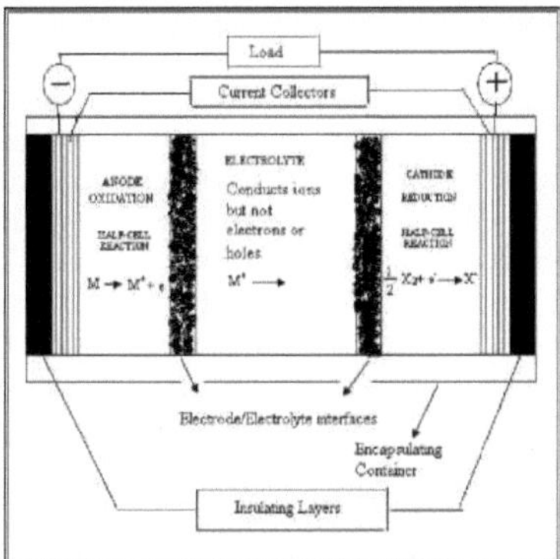

Figura 1.3 Diagrama esquemático de uma célula de estado sólido

(a) Células convencionais

As células de níquel-cobalto são as baterias comerciais disponíveis há muito tempo, depois das células secas. Estas pilhas têm um mecanismo quase semelhante ao das pilhas secas de ânodo de zinco e cátodo de dióxido de manganês com KOH ou NH4Q +ZnC12, com difusão de protões e electrões. A difusão de protões permite uma reação reversível no elétrodo de níquel, pelo que as células podem ser recarregadas. Do mesmo modo, as pilhas de lítio foram comercializadas a partir de meados de 1970, como fonte de energia para calculadoras, relógios e dispositivos semicondutores. Estas pilhas não podem ser recarregadas. Dividem-se em dois tipos principais de materiais catódicos, fluoreto de grafite e MnO2, sendo frequentemente utilizados os tipos LiClO4 e LiBF4/carbonato de propileno.

Entre os vários electrólitos sólidos, a zircónia estabilizada e a P-alumina são amplamente utilizadas nas baterias de sódio-enxofre. O princípio das baterias de sódio-enxofre foi estabelecido em 1967 por Kummer e os seus colaboradores. Estas baterias geram uma fem de cerca de 2,17 V. As baterias de sódio-enxofre são baterias de elevada densidade energética em comparação com as baterias convencionais. Possuem uma elevada gama de temperaturas de funcionamento e a densidade de energia atual é de 200 a 300 Wh/kg. Estas características são favoráveis à sua utilização como fontes de energia para veículos eléctricos e sistemas de armazenamento de energia.

As pilhas de estado sólido com cobre e prata como material ativo também foram introduzidas no panorama científico, mas apresentam uma fem de apenas 0,67-0,69 V, que é menos de metade do valor das pilhas secas de manganês.

(b) Pilhas de combustível

Uma célula de combustível não é uma bateria de armazenamento, mas um aparelho que converte energia química em energia eléctrica com a ajuda de um material condutor de iões [32]. As células de combustível estão a ser utilizadas como fontes de energia em veículos espaciais. Recentemente, foram envidados muitos esforços para desenvolver células de combustível como geradores de eletricidade terrestres. A eficiência das pilhas de combustível é, em princípio, elevada, uma vez que não são motores térmicos e, por conseguinte, não podem ser sujeitas ao motor de Carnot. As células de combustível oferecem muitas vantagens em relação aos sistemas tradicionais de conversão de energia, tais como uma elevada eficiência de conversão de energia, flexibilidade do combustível devido à reforma interna, níveis muito baixos de emissões de NOx e SOx, instalações de dimensões versáteis e um longo tempo de vida. As células de combustível são constituídas por dois eléctrodos porosos separados por um eletrólito denso de iões de oxigénio em forma de tubo ou de disco [26]. As células de combustível são de três tipos, nomeadamente

- tipo de eletrólito de sódio (por exemplo, com ácido fosfórico).

- tipo de sal fundido, utilizando uma mistura de carbonato alcalino fundido.

- tipo de eletrólito sólido baseado em clacia estabilizada (CSZ). Recentemente, a CSZ foi substituída pela zircónia estabilizada com yettria.

1.6.2 Aplicações sem bateria

(a) Sensores

Na maior parte dos casos, todos os dispositivos de deteção medem quantidades químicas ou físicas. Mas para que o dispositivo seja prático, rápido e fácil, a quantidade medida é transformada em sinal elétrico. A determinação da concentração dos iões (deteção química) é mais provável para que o dispositivo seja bem sucedido. Os sensores têm sido amplamente utilizados em todo o mundo, desde alarmes de perigo para uso doméstico a unidades de controlo para linhas de produção automatizadas. Os sensores automatizados de oxigénio baseados em zircónio são utilizados no controlo da combustão e na prevenção da poluição atmosférica. Os sensores químicos são de quatro tipos, nomeadamente

- Tipo EMF: Transduzindo a diferença de potencial químico em EMF (YSZ e CSZ são amplamente utilizados para este tipo de sensores).
- Tipo de corrente limitadora: Transdução da concentração da espécie em causa na corrente limitada de uma célula electrolítica.
- Tipo de semicondutor: Utilizando a mudança de condutividade do semicondutor na adsorção ou redução parcial.
- Tipo FET: Utilização de alterações da corrente de drenagem da fonte de um FET na absorção de espécies químicas no seu elétrodo de porta.

O diagrama típico de um sensor potenciométrico de hidrogénio utilizando PVA-H3PO4 como eletrólito é apresentado na Figura 1.4.

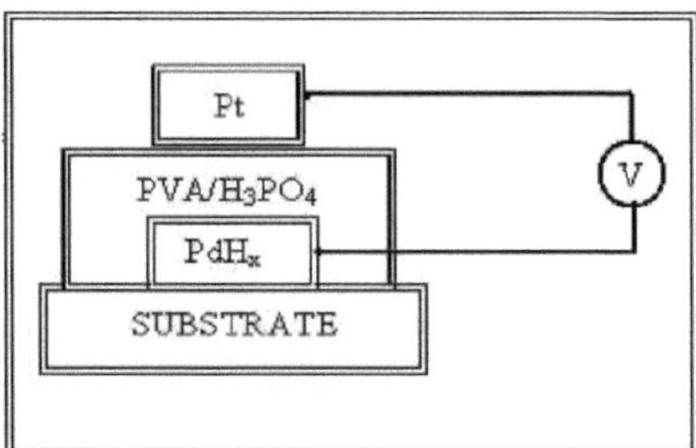

Figura 1.4 Diagrama esquemático do sensor de hidrogénio

(b) Dispositivos de visualização electrocrómica

Os dispositivos de visualização electrocrómicos baseiam-se nas mudanças de cor de certos tipos de materiais devido à redução ou oxidação eletroquímica. Os compostos orgânicos, como os complexos de diftalocianina contendo elementos lantanídeos ou politiofenos, apresentam electrocromismo, enquanto os compostos inorgânicos, como o WO3, o XrO3'H3O e o azul da Prússia, possuem electrocromismo, como se mostra na figura 1.5. Os electrólitos de solventes orgânicos contendo LiClO4 também podem ser utilizados para o mesmo fim. Principalmente o teor de hidrogénio ou teor de água do composto é mais importante para estas aplicações.

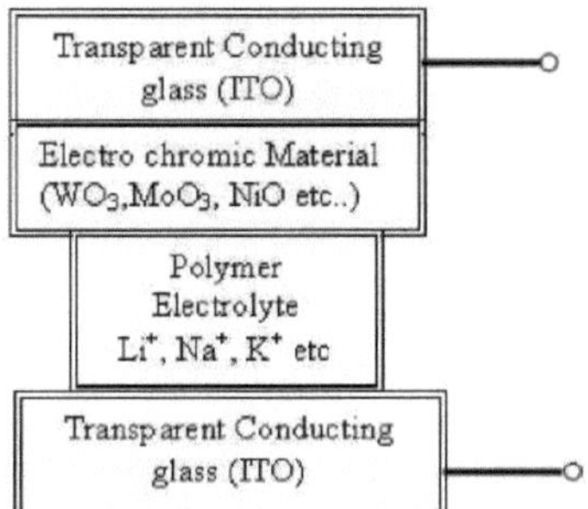

Figura 1.5 Diagrama esquemático de um dispositivo de visualização electrocrómico

Para além das aplicações acima mencionadas, os electrólitos sólidos também encontram aplicações úteis noutros dispositivos. Os condensadores de dupla camada de estado sólido ou supercondensadores têm a vantagem de ter uma capacidade superior à dos condensadores normais e de poderem ser reversivelmente oxidados ou reduzidos numa vasta gama de potenciais [32]. As células de memória de potencial com eletrólito sólido condutor de iões de prata da configuração Ag/eletrólito sólido/ Ag com Ag6I4WO4 foram também desenvolvidas por Ikeda e Tada [33] da Sanyo Electric Company, Japão, e estão disponíveis comercialmente.

Capítulo 2

EXPERIMENTAL

2.1 MÉTODOS DE PREPARAÇÃO DE PELÍCULAS DE POLÍMEROS

Têm sido utilizados vários métodos físicos e químicos para a preparação de películas finas. Como as presentes investigações se concentram principalmente em electrólitos poliméricos de película fina, a atenção centrou-se nas técnicas utilizadas na preparação de películas poliméricas. Muitos investigadores utilizaram diferentes técnicas de preparação [34-37] para preparar películas finas de boa qualidade. Alguns dos métodos mais utilizados são discutidos a seguir.

(a) Evaporação térmica

A evaporação térmica é uma das técnicas simples e mais antigas de deposição física de vapor. Através deste método, é possível evaporar uma grande variedade de materiais, como metais, semicondutores ou dieléctricos, em diferentes substratos. Os materiais podem ser evaporados por meio de aquecimento resistivo ou por aquecimento por corrente contínua. Ao evaporar o material no vácuo, os átomos de vapor assim criados são transportados através de um vácuo elevado para serem depositados nos substratos. Quase todos os materiais (sólidos ou líquidos) produzem átomos ou moléculas neutras quando evaporados por aquecimento resistivo. Em geral, o processo de evaporação é efectuado num sistema de vácuo que inclui uma bomba de difusão apoiada por uma bomba rotativa. O material de evaporação é apoiado numa fonte que é então aquecida a temperaturas suficientemente elevadas para produzir as pressões de vapor desejadas (10^{-2} torr). A fonte deve ter uma forma adequada para conter o material em qualquer forma disponível. Neste método, o material a granel do polímero é evaporado termicamente em condições extremamente limpas. O material a depositar é aquecido a uma temperatura muito elevada a um vácuo muito elevado e o vapor condensa-se num substrato colocado por cima da fonte. A evaporação térmica dá origem a um depósito semelhante a cera no substrato, juntamente com fracções gasosas e resíduos sólidos [38, 39]. As películas de polímero evaporadas são
contaminada devido à ação vigorosa de ebulição do polímero fundido e à rápida evolução dos produtos de decomposição. Para ultrapassar este problema, pode optar-se por uma temperatura de evaporação baixa e, por conseguinte, por uma taxa de deposição lenta [40, 41], por métodos de evaporação térmica especialmente concebidos, como o pote de pimenta [41], a combinação de deflectores internos, a evaporação rápida [42] e/ou a evaporação a laser. No entanto, verificou-se que as películas formadas por evaporação térmica sofrem de degradação química [41, 42, 43].

(b) Método de fundição em solução

Este é o método mais comum e amplamente utilizado para a preparação de películas de electrólitos poliméricos e tem sido utilizado por muitos trabalhadores [44,45]. As películas de electrólitos poliméricos com uma espessura entre 50 e 200 pm são geralmente preparadas por um simples processo de moldagem. O polímero é o hospedeiro e os sais inorgânicos são dissolvidos em composições recíprocas adequadas em solventes adequados (por exemplo, acetonitrilo, metanol, etanol, água bidestilada, etc.). O hospedeiro e o sal são então misturados e agitados durante várias horas para formar uma mistura homogénea e, após agitação, a mistura é colocada em pratos de polipropileno e deixada evaporar lentamente para obter uma película fina do complexo polimérico desejado.

(c) Sputtering

A pulverização catódica é uma técnica de deposição física de vapor que consiste em depositar películas finas por pulverização catódica de um bloco de material de origem num substrato. Os átomos pulverizados ejectados para a fase gasosa não se encontram no seu estado de equilíbrio termodinâmico e tendem a depositar-se em todas as superfícies da câmara de vácuo. A principal vantagem desta técnica é o facto de a taxa de deposição se manter constante. Devido à baixa temperatura do substrato utilizado, a pulverização catódica é uma técnica ideal para depositar metais de contacto para transístores de película fina. A estrutura da película crescida é extremamente sensível às condições de deposição. A pulverização catódica é efectuada em vácuo parcial quando alguns materiais mostram incompatibilidade em condições de bom vácuo. Foram desenvolvidos vários tipos de sistemas de pulverização catódica, como a descarga luminescente, a pulverização por radiofrequência, etc. Os sólidos orgânicos são geralmente incapazes de suportar a pulverização por descarga luminescente e degradam-se completamente. No entanto, foram preparadas com êxito películas de polímeros com propriedades comparáveis às dos polímeros a granel utilizando a pulverização por radiofrequência [46, 47].

(d) Sopro de filme

O estiramento biaxial por aplicação de uma diferença de pressão através da película ou por temperatura elevada dá origem a películas finas. Esta técnica consiste em colocar a película de polímero sob um anel de retenção que fixa a película sobre uma abertura circular no disco de teflon. Todo o conjunto é colocado no vácuo, sobre o qual é permitido o aquecimento sob uma atmosfera inerte ou vácuo. Algumas películas de polímero foram sopradas com sucesso até uma espessura de 10 a 30 pm. O processo de sopro é muito difícil de controlar e deve ser efectuado a uma temperatura elevada, ou seja, próxima do ponto de fusão cristalino.

(e) Método de prensagem a quente

Nesta técnica, o polímero em pó é colocado entre duas placas fotográficas de ferrotipo e prensado a quente a uma temperatura 10-15 °C acima do ponto de fusão cristalino sob uma pressão de 10 a 20 toneladas/pé. A película é então retirada da prensa e imediatamente arrefecida em água gelada, a fim de evitar qualquer cristalização. Se necessário, a película é esticada para obter a espessura necessária. Este método foi também utilizado para preparar películas de electrólitos poliméricos sólidos [48].

f) Polimerização do monómero

A perda de hidrogénio por dissociação ou quebra da cadeia de carbono num hidrocarboneto, resultando na ligação de moléculas de monómero para formar uma grande molécula de polímero, é chamada polimerização. Pode ser conseguida por bombardeamento de electrões a alta temperatura ou por exposição a radiação ionizante, como a luz ultravioleta. Com esta técnica, é possível preparar películas de polímero coerentes, sem orifícios, que são fortemente aderentes aos substratos. A descarga luminescente é outro método de polimerização do vapor de monómero. Estes métodos foram objeto de uma excelente revisão por Mearns (1969).

(g) Evaporação a laser

Nesta técnica, a evaporação do material é efectuada a partir da superfície do material através do aquecimento da superfície com a ajuda de um impulso de alta energia do raio laser, evitando assim a contaminação do recipiente. Podem ser obtidas películas muito finas, uma vez que a quantidade de energia libertada em cada impulso é muito grande. Os polímeros cristalinos evaporados durante esta técnica mantêm a sua estrutura cristalina com excelentes propriedades eléctricas [49], mecânicas e ópticas em comparação com os preparados por evaporação térmica.

(h) Descarga gasosa

As películas finas de polímero podem ser obtidas quando uma descarga de gás é mantida no vapor de um monómero sob uma pressão de 1 mm de Hg. Os problemas associados às elevadas pressões de gás e ao aquecimento do substrato foram minimizados através da aplicação de um campo magnético longitudinal para comprimir a descarga incandescente num tubo.

(i) Processo fotolítico

O processo fotolítico é o método mais adequado para a preparação de películas finas de materiais dieléctricos. As películas são obtidas por irradiação da superfície com luz U.V., na presença de vapor de monómero. Estas películas são bastante estáveis e mais fiáveis (até 50 A).

(j) Pirólise

A decomposição térmica de um composto que dá origem a um resíduo estável é designada por pirólise. Szware [50] descobriu que a pirólise em vácuo do xileno, ao condensar-se, daria origem ao poli-p-zileno, que estava contaminado por subprodutos de baixo peso molecular. Gorham [51] utilizou um dipolímero de p-polímero que polimeriza instantaneamente quando incide num substrato mantido a menos de 30° C. A vantagem deste processo é que as películas parecem ter melhores propriedades eléctricas, mecânicas e ópticas em comparação com os outros tipos de preparação.

(k) Evaporação instantânea

A dificuldade comum na preparação de películas finas de ligas ou compostos multicomponentes deve-se às suas diferentes pressões de vapor durante a evaporação. A película resultante tem uma composição diferente da do material evaporado. Esta dificuldade pode ser ultrapassada através de técnicas de evaporação rápida, em que pequenas quantidades dos materiais a evaporar são lançadas em pó num barco que é colocado a altas temperaturas para evaporar o material instantaneamente. O material em pó pode ser introduzido no suporte aquecido utilizando diferentes disposições (mecânicas, electromagnéticas, vibratórias, rotativas, etc.) para alimentar o material. A evaporação instantânea tem sido amplamente utilizada para a preparação de películas de cermet, que são as misturas de metais e dieléctricos. Este método é geralmente adotado quando um material tem tendência para se decompor ou dissociar durante a evaporação, como é o caso de algumas ligas e compostos do grupo III-V. Basicamente, o processo é semelhante ao das técnicas de evaporação térmica, com a diferença de que apenas uma pequena quantidade da carga em pó é introduzida de cada vez num recipiente de tungsténio, molibdénio ou tântalo em brasa, de modo a que a evaporação instantânea da carga total ocorra sem deixar qualquer resíduo. Devido à elevada temperatura da embarcação, bem como à quantidade limitada da carga introduzida de cada vez na embarcação, não haverá tempo para que os constituintes se acumulem por pressão diferencial de vapor. Por conseguinte, a composição da fase gasosa será mais ou menos a mesma que a da carga e espera-se que, aquando da condensação, os depósitos mantenham a composição do evaporante. Este método de deposição é designado por "evaporação rápida". A carga em pó é alimentada a partir de um reservatório ou de uma tremonha para a embarcação aquecida através de uma calha e a velocidade de alimentação pode ser contínua ou intermitente, utilizando um vibrador ou um dispositivo adequado. A especialidade desta técnica é que a taxa de deposição pode ser mantida constante e são obtidas películas de espessura uniforme.

2.2 PREPARAÇÃO DE MATERIAIS

(a) Técnica de preparação utilizada nos presentes estudos

Na preparação de electrólitos poliméricos compósitos de poli(álcool vinílico) (PVA) (Aldrich), foram utilizadas cargas cerâmicas AhO3. Nesta preparação (PVA): LiAsF6 foi tomado em vários wt% e a quantidade conhecida de pó cerâmico foi adicionada em fixo a

2- 8 wt%. O PVA e o AhO3 foram secos a 100°C e 150C, respetivamente, sob vácuo, durante pelo menos 24 horas, antes de poderem ser utilizados no processo. A preparação das amostras envolveu, em primeiro lugar, a dissolução do PVA e do LiAsF6 em água destilada e a solução resultante foi agitada durante horas suficientes à temperatura ambiente num balão estanque. Em seguida, a quantidade conhecida de pós de enchimento foi adicionada à solução, que foi agitada continuamente até se obter a homogeneização completa. O produto final foi seco a 100 C até que todos os vestígios de solvente desaparecessem completamente. As películas de eletrólito polimérico compostas secas devem ser retiradas das placas de polipropileno e armazenadas dentro de uma caixa de vácuo seca.

Do mesmo modo, as quantidades de composição destas matérias-primas utilizadas na preparação das películas foram consideradas como (100-x) PVA + (x) LiAsF6 para x = 0, 5, 10, 15, 20, 25 e 30 wt%. O PVA e o TiO2 foram secos a 100 e 150 C, respetivamente, sob vácuo, durante pelo menos 24 horas antes de serem utilizados no processo. A preparação das amostras envolveu primeiro a dissolução do PVA e do LiAsF6 em água destilada e a solução resultante foi agitada durante 8-10 horas à temperatura ambiente num balão estapado. Em seguida, o

3- Adicionou-se uma quantidade de 7wt% do pó de enchimento a esta solução e agitou-se continuamente até se conseguir uma homogeneização completa. Depois disso, a amostra é mantida estável até não se observarem bolhas. A pasta resultante foi colocada em pratos de polipropileno e deixada a evaporar lentamente à temperatura ambiente. O produto final foi seco cuidadosamente a 100 C até que todos os vestígios de solvente desaparecessem completamente. Foram preparadas várias composições de películas utilizando TiO2 misturado com solução PVA:LiAsF6.

O sal LiFePO4 foi preparado através de um método de reação de fase auto-reológica seguido de um processo de auto-montagem. O LiOH-H^O, o FeC2O4'2H2O e o NH4H2PO4 com uma razão molar de 1,5:1:1 foram dissolvidos em água destilada e agitados durante 10 minutos, depois a pasta da fase reológica foi colocada no autoclave revestido a Teflon com um invólucro de aço inoxidável a 180 °C durante 24 horas e lavada com álcool absoluto e depois seca a 80 °C.

As quantidades de composição destas matérias-primas utilizadas na preparação das películas foram consideradas como (100-x) PVA + (x)$LiFePO_4$ para x = 0, 5, 10, 15, 20, 25 e 30 wt%. O PVA e o $LiFePO_4$ foram secos a 100 e 150C, respetivamente, sob vácuo, durante pelo menos 24 horas antes de serem utilizados no processo. As películas de eletrólito de polímero foram preparadas utilizando o método de fundição em solução. A preparação das amostras envolveu primeiro a dissolução do PVA e do $LiFePO_4$ em água destilada e a solução resultante foi agitada durante 8-10 horas à temperatura ambiente num balão estapado. A pasta resultante foi colocada em pratos de polipropileno e deixada evaporar lentamente à temperatura ambiente. O produto final foi seco a 100 °C até que todos os vestígios de solvente desaparecessem completamente. Da mesma forma, o plastificante carbonato de propileno (PC) foi adicionado a 25 wt% à composição fixa (PVA: $LiFePO_4$) (75:25) e preparado como descrito acima. O diagrama esquemático para a preparação de películas de eletrólito polimérico é apresentado na Fig. 2.1

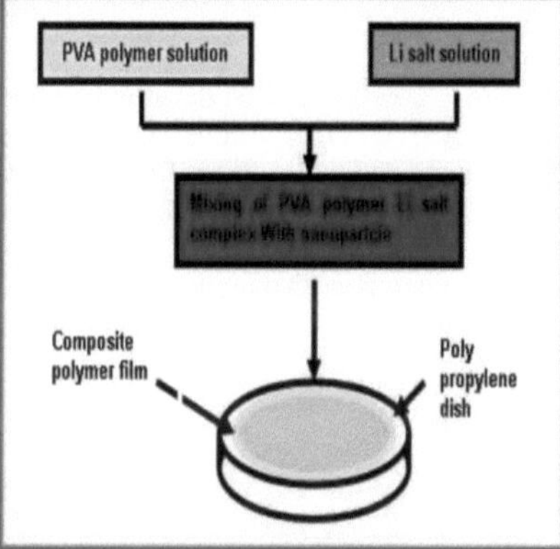

Figura 2.1 Ilustração esquemática do procedimento de preparação de películas de electrólitos poliméricos utilizando o método de moldagem em solução

(b) Preparação de não materiais de óxidos metálicos e respectivos compósitos poliméricos

Na síntese de nanotubos de óxido de vanádio, 10 mmol de V_2O_5 (99,5%) foram adicionados a 10 mmol de 1-hexadecilamina (Acros Crganics Company) e 20 ml de água destilada e a solução resultante foi agitada durante 1 h. Após 1 h, foram adicionados mais 20 ml de água destilada. Esta solução foi deixada a hidrolisar sob agitação vigorosa durante 48 horas à temperatura ambiente. Em seguida, esta solução de mistura foi vertida numa autoclave revestida de Teflon com um invólucro de aço inoxidável e tratada hidrotermicamente a 180° C durante 7 dias. O precipitado foi lavado com álcool absoluto e, em seguida, com água destilada e deixado a 80 °C durante 5 h. Para preparar os nanotubos de V_2O_5 reagentes de superfície de polímero, o procedimento acima foi repetido com a adição de 0,5 mol % de PEO à mistura de óxido de vanádio e amina.

Adicionou-se 5 mmol de V_2O_5 a 10 mml de 1, 2-PC ($C_4H_6O_3$) com 20 ml de água destilada e agitou-se durante 5 minutos para formar uma solução mista. Em seguida, misturaram-se 20 ml de água destilada, obtendo-se um total de 40 ml de solução homogénea. Em seguida, esta solução mista foi mantida num autoclave revestido de Teflon com uma concha de aço inoxidável (auto clave) a 180C durante 48 horas. Após a reação hidrotérmica, o produto negro obtido foi lavado com água destilada, álcool absoluto e depois seco a 80C durante 7 horas. A fórmula química desta reação é a seguinte

$V_2O_5 + C_4H_6O_3 \wedge VO_2 + CO_2 + H_2O$

Da mesma forma, 40 ml de solução homogénea foram misturados com 0,5 mol% de PEO e seguidos de tratamento hidrotérmico como descrito acima.

Os nanobelts de PANI/MoO_3 foram sintetizados através de um método hidrotérmico simples, sem utilização de qualquer tensioativo. Em primeiro lugar, os solutos de MoO_3 foram preparados pela permuta iónica de $(NH_4)_6Mo_7O_{24}{'}4H_2O$ (>99,0%) através de uma resina de permuta de protões e foram obtidos os solutos de MoO3 azul-claro claro (o pH final é de cerca de 2,0). Em seguida, a PANI foi misturada com os solutos de MoO3 na proporção de (PANI) xMoO3 (x=0, 0,02, 0,05, 0,08) para formar os solutos mistos. Por fim, as soluções mistas foram diretamente adicionadas a um autoclave revestido de Teflon e mantidas a 180 C durante 48 horas. Após a reação hidrotérmica, as amostras foram lavadas com água destilada e etanol e secas a 50 C durante 12 h.

Em primeiro lugar, os nanobelts de MoO3 foram sintetizados através de um método hidrotérmico simples, sem a utilização de qualquer agente tensioativo. Os sols de MoO3 foram preparados pela troca iónica de (NH4) 6Mo7O24-4H2O (> 99,0%) através de uma resina de troca de protões e os sols de MoO3 azul claro claro (o pH final é de cerca de 2,0) foram obtidos. Em seguida, o PEG adicionado com MoO3 sols na proporção de (PEG) xMoO3 (x = 0, 0,25, 0,5, 1,0) para formar os sols mistos. Finalmente, as soluções mistas foram adicionadas diretamente a uma autoclave revestida com Teflon e mantidas a 180°C durante 48 horas. Após a reação hidrotérmica, as amostras foram lavadas com água destilada e etanol e secas a 50C durante 12 h.

2.3 DIFRACÇÃO DE RAIOS X

Os estudos de difração de raios X revelaram-se de grande utilidade para a compreensão da estrutura de metais, materiais poliméricos e outros sólidos. A disposição e o espaçamento dos átomos nos materiais cristalinos são diretamente deduzidos dos estudos de difração.

No presente estudo, os espectros de difração de raios X foram registados à temperatura ambiente na gama de 10-700 num difratómetro de raios X SEIFERT. A radiação CuKa foi utilizada juntamente com o filtro Zr como radiação monocromática. O diagrama de blocos e a fotografia do difratómetro de raios X Seifert utilizado no presente estudo são apresentados na Figura 2.2 e na Figura 2.3.

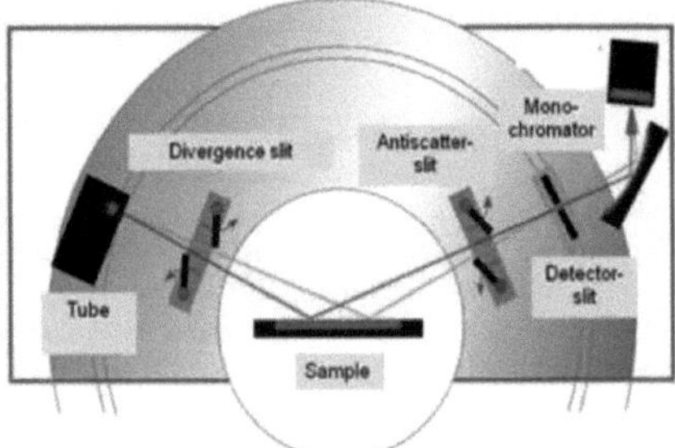

Figura 2.2 Diagrama esquemático do difratómetro de raios X SEIFERT

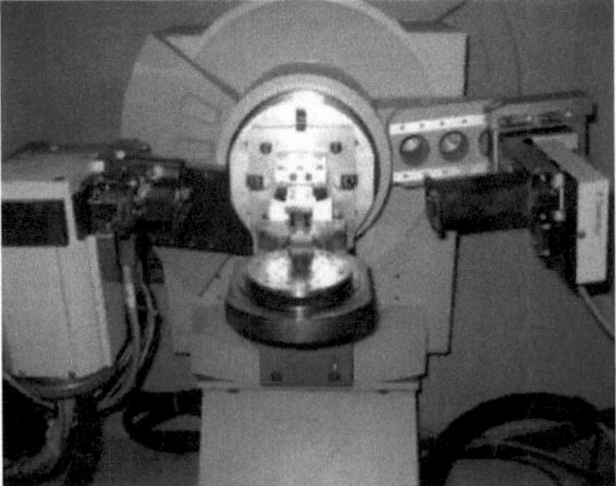

Figura 2.3 Fotografia do difratómetro de raios X SEIFERT

2.4 ESPECTROSCOPIA DE INFRAVERMELHOS COM TRANSFORMADA DE FOURIER

A espetroscopia de infravermelhos (IV) tem sido amplamente utilizada para a identificação de grupos funcionais em compostos orgânicos devido ao facto de os seus espectros serem geralmente complexos e fornecerem numerosos máximos e mínimos que podem ser utilizados para comparação.

De facto, o espetro de absorção no infravermelho de um composto orgânico representa uma das suas propriedades verdadeiramente físicas. O método baseia-se no facto de os átomos de uma molécula vibrarem uns em relação aos outros com frequências muito bem definidas para um determinado conjunto de átomos ou grupos funcionais. O diagrama esquemático do espetrofotómetro utilizado no presente estudo é apresentado na Figura 2.4.

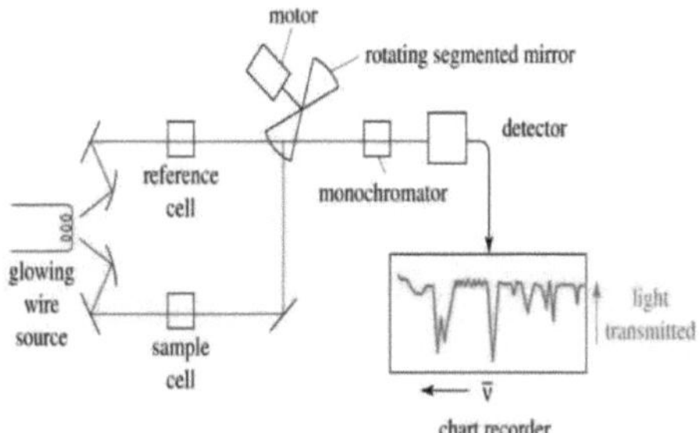

Figura 2.4 Diagrama esquemático do espetrofotómetro FTIR Perkin-Elmer

No presente estudo, os espectros de infravermelhos das películas de electrólitos poliméricos foram registados no espetrofotómetro Perkin-Elmer FTIR [Modelo 1605] na gama de 400-4000 cm^{-1} . A fotografia de um instrumento de infravermelhos Perkin-Elmer é apresentada na Figura 2.5.

Figura 2.5 Fotografia do espetrofotómetro FTIR da Perkin-Elmer

2.5 CALORIMETRIA DIFERENCIAL DE VARRIMENTO

A calorimetria diferencial de varrimento é uma técnica versátil que utilizamos para estudar o que acontece aos polímeros quando são aquecidos. Quais são as mudanças nas transições térmicas que ocorrem num polímero quando aquecido. Foram determinadas as temperaturas de fusão e de transição vítrea.

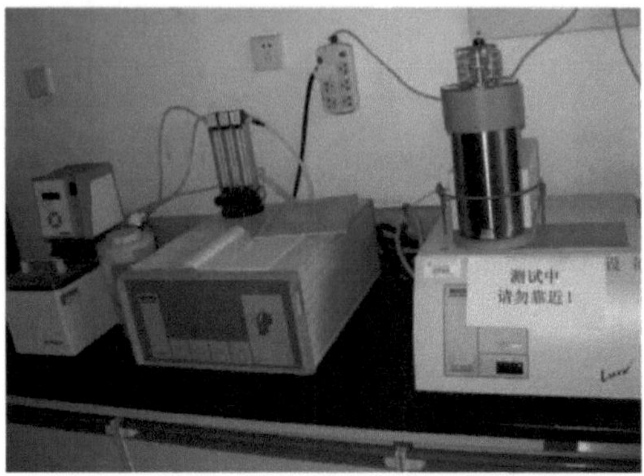

Figura 2.6 Fotografia da disposição do STA449C da NETZSCH.

As temperaturas de calorimetria diferencial de varrimento (DSC) dos electrólitos de polímeros compósitos e V2O5, bem como dos compósitos de nanocamadas de MoO3, foram registadas utilizando o modelo NETZSCH STA449C (taxa de aquecimento =3 K/min), como se mostra na Figura 2.6. As amostras com cerca de 5 mg de peso foram colocadas em recipientes de alumínio selados. Antes da utilização, o calorímetro foi calibrado com padrões metálicos, sendo utilizado um recipiente de alumínio vazio como referência.

2.6 MEDIÇÕES DE SEM E TEM

As imagens SEM foram obtidas utilizando o microscópio eletrónico de varrimento JSM-5610LV a 20 kV para os electrólitos poliméricos e para os nanobelts de V2O5 e MoO3. Para os nanobelts, foram obtidas imagens TEM num microscópio JEOL JEM-2010 FEF a 200 kV, como se mostra na Figura 2.7.

Figura 2.7 Diagrama esquemático do equipamento TEM

2.7 MEDIÇÃO DAS PROPRIEDADES ELÉCTRICAS E DIELÉCTRICAS

A condutividade, a impedância e as propriedades dieléctricas da C.A. foram realizadas utilizando o analisador automático de componentes TH-2818. A configuração experimental para estes estudos é apresentada na Figura 2.8.

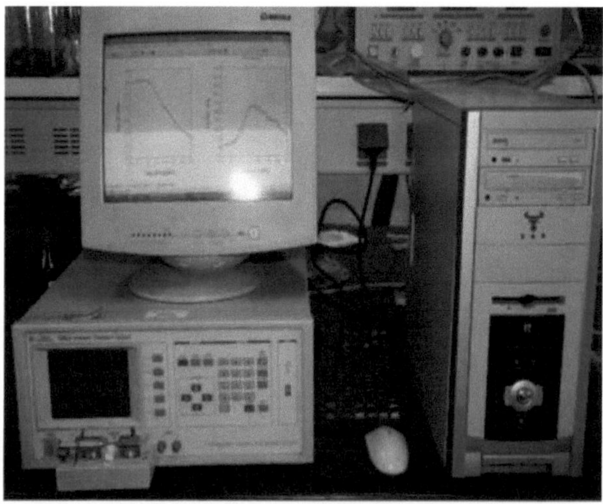

Figura 2.8 Diagrama esquemático da montagem experimental utilizada para as medições da condutividade CA, da impedância e do dielétrico

A espetroscopia de impedância é uma técnica utilizada para estabelecer o mecanismo de condução, observando a participação da cadeia polimérica, a mobilidade e os processos de geração de portadores. As condutividades iónicas foram calculadas utilizando a relação o *=URb'A,* em que *l* é a espessura, *Rb* é a resistência global e *A* é a área de contacto da película de eletrólito durante a experiência. As medições foram efectuadas a várias temperaturas, de 300 a 440 K, na gama de frequências de 20Hz-10 MHz. A superfície das películas de eletrólito de polímero foi revestida com prata para assegurar um bom contacto elétrico.

2.8 MEDIÇÃO DO NÚMERO DE TRANSFERÊNCIA

O número de transferência de iões de lítio (ou seja, Li^{+}) da amostra foi medido à temperatura ambiente no sistema de eletrólito de polímero. Em condições reais, o fluxo de corrente também é afetado pela formação de uma camada passiva, pelo que é necessária uma correção adequada das alterações de resistência. Para o tipo de célula Li/Li+ X-/Li, Bruce e colaboradores introduziram a seguinte correção [50-54].

em que AV é a tensão de corrente contínua aplicada, *Ro* é a resistência da camada passiva, Rs é a resistência da camada passiva em estado estacionário, *Io* é a corrente inicial e *Is* é a corrente em estado estacionário. A medição da espetroscopia de impedância foi efectuada imediatamente antes e depois da polarização D.C. e imediatamente após ter atingido o estado estacionário.

2.9 ESPECTROSCOPIA DE ABSORÇÃO ÓPTICA

Os espectros de absorção ótica das películas de PVA não dopadas e dopadas com LiAsF6 foram registados à temperatura ambiente na região de comprimento de onda de 200-600 nm utilizando o espetrofotómetro Shimadzu UV-VIS-NIR (modelo UV-3100).

$$t_{Li^+} = \frac{I_S(\Delta V - I_0 R_0)}{I_0(\Delta V - I_S R_S)}$$

Figura 2.9 Fotografia do sistema UV-VIS-NIR da Shimadzu (Modelo UV-3100) espetrofotómetro

A partir dos dados espectrais, foram determinadas as constantes ópticas, tais como o limite de banda e o intervalo de banda ótico (direto e indireto), sendo este último comparado com a magnitude das energias de ativação, obtidas a partir dos dados de condutividade. A fotografia do espetrofotómetro Shimadzu UV-VIS-NIR (Modelo UV - 3100) é apresentada na Figura 2.9.

2.10 ESPESSURA DA PELÍCULA

Existem vários métodos disponíveis para a medição da espessura de uma película fina. Entre eles, alguns métodos como o método do estilete mecânico, o método gravimétrico e o método da capacitância são adequados para a medição da espessura das películas finas de polímero. Nas presentes investigações, foi utilizado o método do estilete mecânico para determinar a espessura das películas. No método do estilete mecânico, foi utilizado o "Perthometer" de fabrico alemão para determinar a espessura das películas, tendo-se verificado que era de aproximadamente 150 pm. A exatidão é de cerca de ± 5 pm.

2.11 PREPARAÇÃO DE PILHAS LI

As baterias electroquímicas foram montadas numa caixa de luvas seca (Figura 2.10) cheia de pressão de árgon inferior a 1,0 mili torr, utilizando pastilhas de lítio como elétrodo negativo, solução 1 M de LiPF6 em carbono etileno (EC)/carbonato de dimetilo (DMC) como eletrólito e pastilhas feitas dos produtos obtidos, negro de acetileno e PTFE numa proporção de 6:4:1 como elétrodo positivo.

Figura 2.10 Diagrama esquemático do porta-luvas de preparação da bateria

2.12 VOLTAMOGRAMAS CÍCLICOS E ESPECTROSCOPIA DE IMPEDÂNCIA ELECTROQUÍMICA

F Em primeiro lugar, as baterias foram preparadas numa caixa de luvas cheia de órgãos. Para compreender as reacções do elétrodo para estas baterias, foram medidos voltamogramas cíclicos com uma velocidade de varrimento de 0,5 mVs^{-1} a 1,5-3,5 V vs. Li^+/Li e 1,5-4,5 V vs. Li^+/Li para nanobelts de MoO3 e V2O5, respetivamente. A espetroscopia de impedância eletroquímica foi investigada a diferentes potenciais pelo sistema Autolab (Eco Chemie) modelo PGATAT30 (GPES/FRA), como se mostra na Figura 2.11.

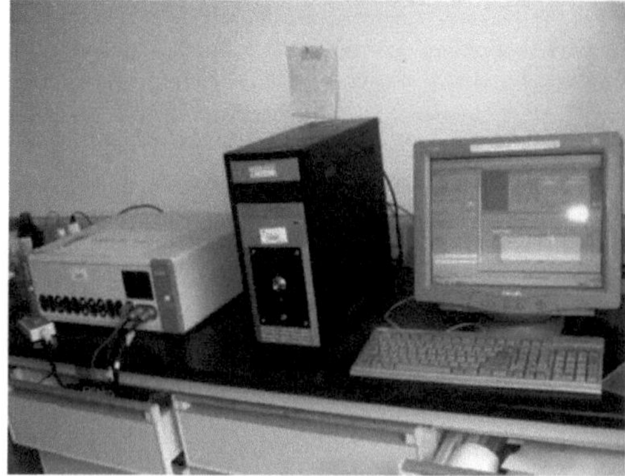

Figura 2.11 O diagrama do sistema Autolab modelo PGATAT30 (GPES/FRA)

2.13 CARACTERÍSTICA DE DESCARGA DA CÉLULA ELECTROQUÍMICA

A estabilidade da bateria e as características de carga e descarga foram analisadas pelo Battery Testing System (BTS-5V/5mA), como mostra a Figura 2.12, que funcionou com uma densidade de corrente constante de 20 mAg^{-1} com gamas de potencial de 1,0-3,0 V vs. Li/Li^+, 1,0-3,0 V *vs.* Li/Li^+ para os nanobelts de MoO3 e V2O5, respetivamente.

Figura 2.12 Diagrama esquemático da máquina de ensaio de baterias

Capítulo 3

ELECTRÓLITOS DE POLÍMEROS COMPLEXOS E COMPÓSITOS

Nos últimos anos, a caraterização de materiais através de várias técnicas tem desempenhado um papel vital no fornecimento de informações sobre a composição química, a homogeneidade da composição, a identificação estrutural e a análise de defeitos e impurezas que influenciam as propriedades do material. A caraterização descreve, portanto, todas as características da composição e da estrutura de um material que seriam suficientes para reproduzir o material. Os avanços feitos nos últimos anos nas técnicas de caraterização, especialmente na elucidação da estrutura, foram estupendos e abriram novas perspectivas nos materiais iónicos de estado sólido [55]. Entre as várias técnicas de caraterização, a difração de raios X (XRD), a espetroscopia de infravermelhos com transformada de Fourier (FTIR) e a calorimetria de varrimento diferencial (DSC) são três técnicas estruturais importantes, que foram utilizadas nos presentes estudos.

A.C. Condutividade, número de transferência, propriedades dieléctricas, propriedades ópticas e teste eletroquímico foram realizados para as amostras preparadas.

3.1 PROPRIEDADES ESTRUTURAIS E ELÉCTRICAS DE FILMES ELECTROLÍTICOS DE POLÍMEROS COMPOSTOS (PVA+LiAsF)6

3.1.1 Análise XRD

O padrão de difração de raios X do PVA puro e do PVA complexado com o sal LiAsF6 é apresentado na Figura 3.1. A figura mostra claramente que o PVA puro apresenta um pico caraterístico de uma rede ortorrômbica centrada a 20 graus, indicando a sua natureza semi-cristalina [56, 57]. Este pico torna-se menos intenso à medida que o teor de LiAsF6 é aumentado. Este facto pode dever-se à rutura da estrutura cristalina do PVA pelo LiAsF6. Não apareceram picos relativos ao sal LiAsF6 nos complexos, o que indica a dissolução completa do sal nas matrizes poliméricas. Os picos de difração são menos intensos nas películas de PVA complexadas com LiAsF6 quando comparadas com as películas de PVA puro. Este facto revela uma diminuição do grau de cristalinidade do polímero após a adição de LiAsF6. Não foram observados picos acentuados para concentrações mais elevadas de sal LiAsF6 no polímero, o que sugere a presença dominante de fase amorfa [58]. Esta natureza amorfa resulta numa maior difusividade iónica com elevada condutividade iónica, que pode ser obtida em polímeros amorfos com espinha dorsal flexível [59, 60].

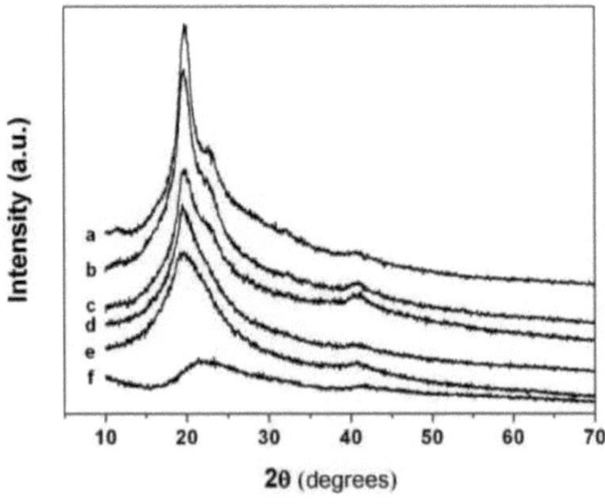

Figura 3.1 Padrão de XRD de (a) PVA puro, (b), (c), (d), (e), (f) mostrou (PVA: LiAsFe) sistema de eletrólito polimérico em diferentes wt% viz. 5, 10, 15, 20, 25 e 30

3.1.2 Análise FTIR

A Figura 3.2 mostra os espectros FTIR do PVA puro e das películas complexadas com LiAsF6. A banda vibracional O-H proeminente do hidroxilo apareceu a 3200-3400 cm^{-1} . Para o LiAsF6 puro, a banda do sal foi observada a 3377 cm^{-1} . Esta banda foi deslocada para 3305, 3306 e 3350 cm^{-1} para películas de PVA complexadas com 10, 20 e 30 wt% de sal, respetivamente. No PVA puro, o estiramento assimétrico CH2 e o estiramento alifático C-H ocorrem a 2917 cm^{-1} [61], e são deslocados para 2850, 2851 e 2851,5 cm^{-1} para películas de PVA complexadas com 10, 20 e 30 wt% de sal, respetivamente. A banda de estiramento C=O que aparece a 1736 cm^{-1} em PVA [62]. Isto é observado a 1725, 1722, 1721 cm^{-1} para complexos de sal. A flexão ou deformação de fase associada à oscilação de C-H é observada a 1375 cm^{-1} e dá origem a uma banda larga e fraca no intervalo 1430-1275 cm^{-1} em PVA [62]. Esta banda é deslocada para 1377, 1379 e 1380 cm^{-1} nos complexos poliméricos de sal LiAsF6. A banda vibracional caraterística que aparece a 1093 cm^{-1} na região (1150-1020 cm^{-1}) é atribuída ao estiramento C-O dos álcoois secundários do PVA [60]. A frequência de estiramento C-C ocorre a 1250 cm^{-1} no PVA e é deslocada para 1266, 1272 e 1276 cm^{-1} nas películas complexadas [63]. As bandas vibracionais a 2945 e 1427 cm^{-1} são atribuídas ao estiramento assimétrico de CH2 e ao estiramento alifático de C-H e à fraca curvatura de O-H do PVA, que se verificou estarem ausentes nas películas complexadas [63]. O modo de oscilação C-H do PVA apareceu a 939 cm^{-1} e é deslocado para 914, 919 e 917 cm^{-1} . As bandas vibracionais 1027, 1327, 941, 700, 686 cm^{-1} do PVA estão ausentes nos complexos. As alterações de frequência acima mencionadas observadas nos sistemas dopados com sal, em comparação com o PVA puro, dão claramente uma ideia das interacções específicas entre o ião Li+ do LiAsF6 e os grupos polares do polímero. Assim, a formação de complexos nas matrizes de sais poliméricos foi confirmada a partir da análise. Um tipo de comportamento semelhante foi também observado por outros investigadores [55, 62].

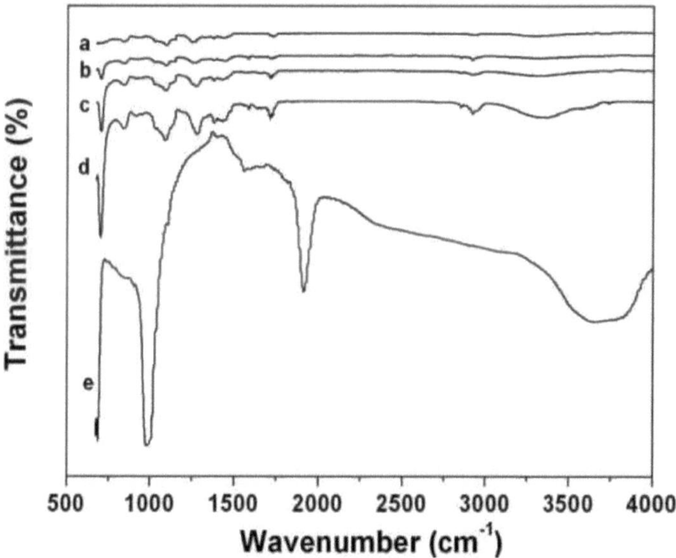

Figura 3.2 Os espectros FTIR de (a) PVA puro, (b), (c), (d), mostraram o sistema eletrolítico polimérico PVA: LiAsF6 a 10, 20, 30 wt% e (e) LiAsF6 puro

3.1.3 Análise de espectros DSC

A fim de obter informações sobre as temperaturas das diferentes transições de fase, foram efectuadas medições DSC nas amostras preparadas. O gráfico DSC típico do polímero (PVA+LiAsF6) (90:10) +5wt % AhOs juntamente com o PVA puro é apresentado na Figura 3.3. Verifica-se um pico endotérmico a 191,1° C para o PVA puro e 179,6° C para as películas de PVA+LiAsF6+5%Al2O3 no intervalo de temperatura de 25-250C, que corresponde à fusão do PVA e dos seus complexos cerâmicos. A complexação do sal LiAsF6 e do Al2O3 interage fortemente, fazendo com que a temperatura de fusão diminua.

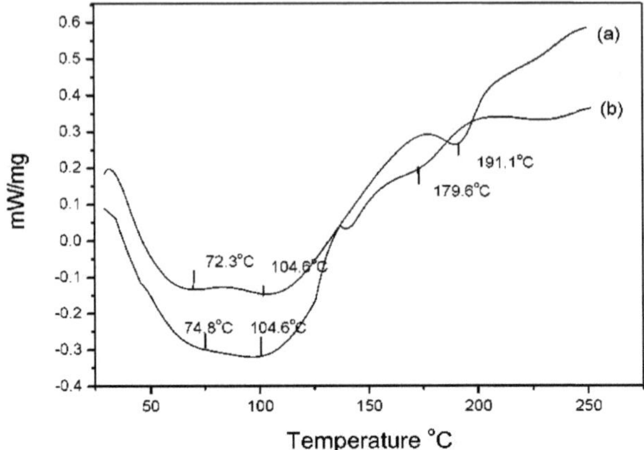

Figura 3.3 Espectros DSC para (a) PVA puro e
(b) Películas complexadas PVA: LiAsF6 (90:10) + 5wt%Al2O3

A dispersão do Al2O3 promove a amorfização que, por sua vez, deverá favorecer o transporte de iões e, assim, aumentar a condutividade iónica do eletrólito [64]. Observa-se um pico endotérmico a 104,6°C para o PVA puro, bem como para o eletrólito polimérico PVA+LiAsF6+5 wt.% AHf na mesma gama de temperaturas. Este pico de 104,6°C pode ser atribuído à evaporação da água das películas. Há outro pico observado a 72,3 C no PVA puro, que indica a temperatura de transição vítrea da película. Este pico foi observado a 74,8 C na película de PVA complexada. O aumento da temperatura de transição vítrea com a adição de partículas cerâmicas sugere o aumento da estabilidade térmica da amostra.

3.1.4 Estudos de Condutividade A.C.

A Figura 3.4 mostra os valores de condutividade dos complexos no intervalo de temperatura 300-420K. Observa-se que à medida que a temperatura aumenta a condutividade também aumenta para todos os complexos e este comportamento está de acordo com a teoria estabelecida por Armand et al. [65]. Quando a temperatura aumenta, a energia vibracional de um segmento é suficiente para empurrar contra a pressão hidrostática imposta pelos seus átomos vizinhos e criar uma pequena quantidade de espaço em torno do seu próprio volume no qual o movimento vibracional pode ocorrer [67]. Por conseguinte, o volume livre em torno da cadeia polimérica faz com que a mobilidade dos iões aumente e também devido ao movimento segmentar do polímero faz com que a condutividade aumente. Assim, o aumento da temperatura provoca o aumento da condutividade devido ao aumento do volume livre e da respectiva mobilidade iónica e segmentar.

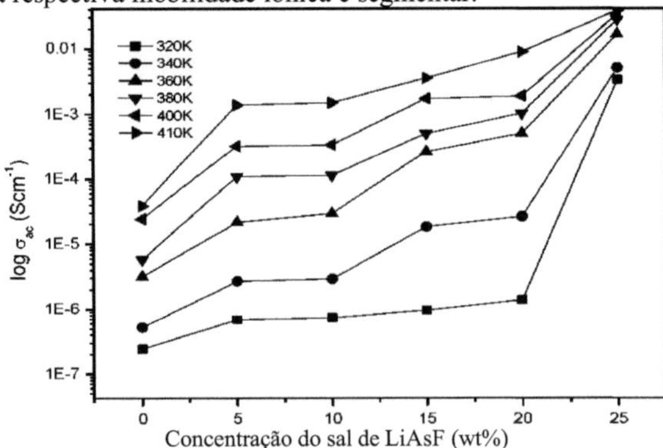

Figura 3.4 Gráfico de condutividade A.C. das várias concentrações (wt %)

de película de (PVA: LiAsF6) a diferentes temperaturas

A Figura 3.5 mostra o efeito da carga cerâmica Al2O3 na condutividade dc (σσ) do polímero PVA: LiAsF6 (90:10) em diferentes percentagens de Al2O3. Os efeitos máximos no aumento da condutividade foram obtidos para os compósitos contendo 5 wt% de Al2O3 para ambas as composições de polímero-sal. A 320 K sem carga cerâmica, a amostra apresenta uma condutividade de 7,31x10-6 S cm^{-1} e aumenta para 3,01x10-2 S cm^{-1} quando a temperatura é alterada para 440 K. Para 5wt% de Al2O3 disperso, a amostra apresenta uma condutividade de 5,23x10-5 S cm^{-1} à temperatura de 320 K, que é alterada para 4,73x10-2 S cm^{-1} . Isto significa que não há alterações anormais na condutividade com e sem cargas cerâmicas das amostras.

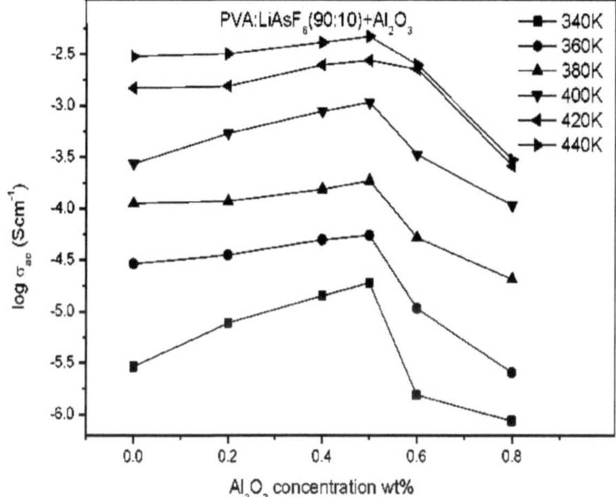

Figura 3.5 Gráfico de condutividade A.C. das várias concentrações (wt %) de A12O3 na película (PVA: LiAsF6) (90:10) a diferentes temperaturas

3.1.5 Medição do número de transferência

O número de transferência de iões de lítio (ou seja, Li+) da amostra foi medido à temperatura ambiente no sistema de eletrólito de polímero. Em condições reais, o fluxo de corrente é também afetado pela formação de uma camada passiva, pelo que é necessária uma correção adequada das alterações de resistência. Para o tipo de célula Li/Li+ X-/Li, Bruce e colaboradores [53, 54] introduziram a seguinte correção.

em que AV é a tensão de corrente contínua aplicada, *Ro* é a resistência da camada passiva, *Rs* é a resistência da camada passiva em estado estacionário, *Io* é a corrente inicial e *Is* é a corrente em estado estacionário. A medição da espetroscopia de impedância foi efectuada imediatamente antes e depois da polarização D.C. e imediatamente após ter atingido o estado estacionário. No presente filme em estado estacionário (PVA:LiAsF6) (75:25) + 5wt% TiO? mostrou tLi+ = 0,52.

3.1.6 Análise dieléctrica

(a) Permissividade dieléctrica dependente da frequência e da temperatura *(s)*[1]

$$t_{Li^+} = \frac{I_S(\Delta V - I_0 R_0)}{I_0(\Delta V - I_S R_S)} \qquad (3.1)$$

A Figura 3.6 mostra a variação da permissividade dieléctrica com a frequência do eletrólito polimérico PVA: LiAsF6 (95:05) a diferentes temperaturas. A partir dos gráficos, é evidente que a permissividade diminui monotonicamente com o aumento da frequência e atinge um valor constante a frequências mais elevadas. Um comportamento semelhante foi observado noutros materiais [68]. Isto porque, para materiais polares, o valor inicial da permissividade dieléctrica é elevado, mas à medida que se aumenta a frequência do campo, o valor começa a diminuir, o que se pode dever ao facto de os dipolos não conseguirem acompanhar a variação do campo a frequências mais elevadas

[64] e também devido aos efeitos de polarização [69]. A região de dispersão a baixa frequência é atribuída à acumulação de carga na interface elétrodo-eletrólito. A frequências mais elevadas, a inversão periódica do campo elétrico ocorre tão rapidamente que não há excesso de difusão de iões na direção do campo. Assim, a permissividade dieléctrica (s^1) diminui com o aumento da frequência em todas as amostras de complexos poliméricos de PVA.

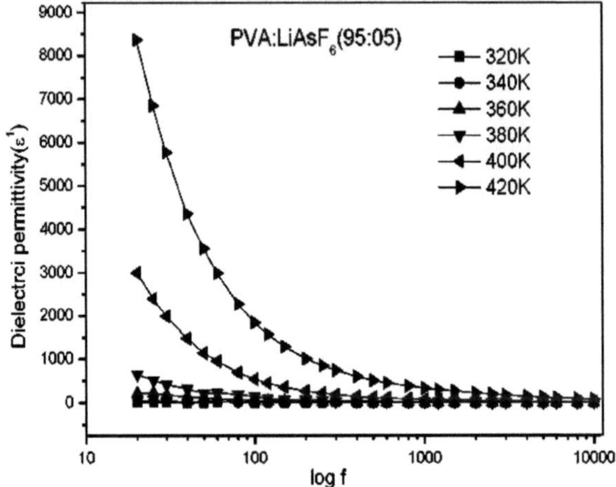

Figura 3.6 Gráfico da permissividade dieléctrica dependente da frequência e da temperatura da película de (PVA: LiAsF6) (95:05)

A Fig. 3.6 mostra que a permissividade dieléctrica aumenta com o aumento da temperatura para o sistema eletrolítico polimérico PVA: LiAsF6. A variação de s^1 com a temperatura é diferente para polímeros polares e não polares. Em geral, para os polímeros não polares, s^1 é independente da temperatura. Mas no caso dos polímeros polares, a permissividade dieléctrica (s^1) aumenta com o aumento da temperatura [70]. Este comportamento é típico dos dieléctricos polares, nos quais a orientação dos dipolos é facilitada com o aumento da temperatura, aumentando assim a permissividade.

(b) Dependência da frequência e da temperatura tan5

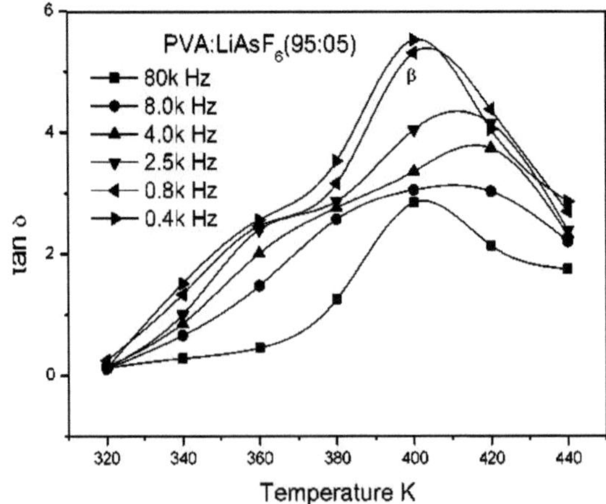

Figura 3.7 Gráfico da perda dieléctrica em função da temperatura de (PVA: LiAsFe) (95:05) a diferentes frequências

A Figura 3.7 mostra a variação da tangente de perda (tan 6) com a temperatura a diferentes frequências da película electrolítica de polímero PVA: LiAsF6 (95:05). Foi observado um pico de perda a uma temperatura de 400,5K e a sua intensidade diminuiu com o aumento da frequência. Este facto pode dever-se ao aumento da formação de pontes de flúor entre as cadeias poliméricas. Em geral, os polímeros possuem três relaxações dieléctricas: a, 0 e *y*, por ordem decrescente de temperatura.

Para os polímeros amorfos, o pico a está ausente, os picos 0 e *y* ocorrem a temperaturas inferiores à temperatura de fusão, por esta ordem. A partir dos dados de XRD, é evidente que o presente material é de natureza amorfa. O pico de relaxação nas presentes investigações pode ser atribuído à relaxação 0, que pode ser devida à orientação dos grupos polares presentes no grupo lateral do polímero. Este tipo de relaxação é designado por relaxação de grupo dipolar. Nas regiões amorfas, as cadeias são irregulares e emaranhadas, enquanto que nas regiões cristalinas as cadeias estão regularmente dispostas. Por isso, é muito mais fácil mover as cadeias moleculares no estado amorfo do que no estado cristalino. O empacotamento molecular no estado amorfo é fraco e, por isso, a densidade é menor do que a das regiões cristalinas. Assim, as cadeias na fase amorfa são mais flexíveis e são capazes de se orientar com relativa facilidade e rapidez. Os dipolos na cadeia lateral do polímero orientar-se-ão com determinadas frequências regidas pela força de restauração elástica que liga os dipolos às suas posições de equilíbrio e pelas forças de fricção rotacionais exercidas pelos dipolos vizinhos. Na fase amorfa, as moléculas dipolares devem ser capazes de se orientar de uma posição de equilíbrio para outra com relativa facilidade e contribuir para a absorção numa vasta frequência ou temperatura [69, 71].

(C) Variação de tanS com a frequência a diferentes temperaturas

A Figura 3.8(a) mostra a variação da perda dieléctrica com a frequência a diferentes temperaturas. A partir dos gráficos, é evidente que a tan *3* aumenta com a frequência a diferentes temperaturas, atinge um valor máximo e depois diminui. A grande perda dieléctrica a baixas frequências deve-se à acumulação de carga livre na interface entre o eletrólito e os eléctrodos [72]. A frequências mais elevadas, a inversão periódica do campo elétrico ocorre tão rapidamente que não há excesso de difusão de iões na direção do campo. A polar-ionização devido à acumulação de carga diminui, levando à diminuição do valor da perda dieléctrica. Além disso, verificou-se que a frequência correspondente à perda máxima se desloca para frequências mais elevadas com o aumento da temperatura. Os picos de perda e os seus deslocamentos com a temperatura sugerem um processo de relaxamento dielétrico.

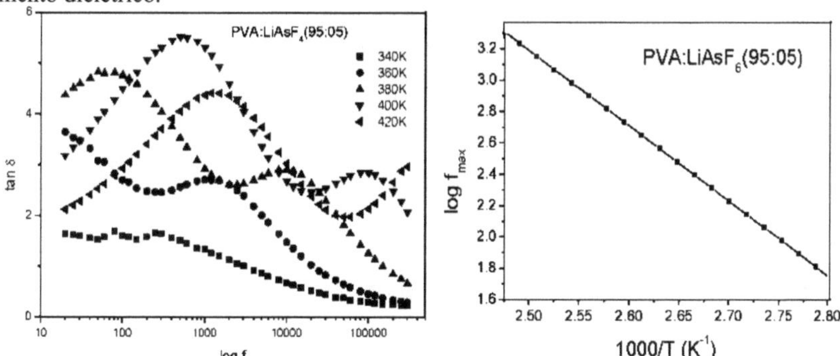

Figura 3.8 (esquerda) Gráfico de perda dieléctrica vs frequência da película 95PVA: 5LiAsF6 a diferentes temperaturas, (direita) gráfico log *fmax* vs 103/T

Os dados nos gráficos ajustam-se utilizando o processo de Debye (Figura 3.8(b)), em que a relação para fmax é dada por

$$f_{max} = f_0 \exp\left(\frac{-E_a}{kT}\right) \quad (3.2)$$

em que f_{max} é a frequência de um pico de relaxação, f_0 é uma constante, k é a constante de Boltzmann, *Ea* é a energia de ativação da migração de iões móveis e *T* é a temperatura absoluta. Neste caso, a energia de ativação da amostra (PVA+LiAsF6) (95:05) é de 0,33eV.

3.1.7 Análise CVA

As películas de eletrólito de polímero foram colocadas entre dois eléctrodos de bloqueio de aço de alumínio e, em seguida, a região de tensão cíclica de -1,0 a 1,0 V com uma taxa de varrimento de 0,5 mVs^{-1} utilizando o sistema potenciostato 30 do laboratório automático para determinar o comportamento de tensão cíclica do eletrólito, como se mostra na Figura 3.9. Assim, foi possível determinar a janela de estabilidade eletroquímica do eletrólito de polímero alcalino. Já foi realizado um procedimento experimental semelhante para electrólitos à base de PVA-PMMA e PMMA [70, 73]. Algumas características distintas são as seguintes.

(i) Foi obtida uma janela eletroquímica de -1,0V a 1,0V para as películas (PVA+LiAsF6) (90:10) e (PVA+LiAsF6) (75:25) + 4wt% JIKO3. (ii) Os picos catódicos e anódicos estavam ausentes em ambas as células, o que indica a não interação do lítio no eletrólito polimérico com os eléctrodos de alumínio (SS). Na figura, a curva da película (PVA+LiAsF6)(75:25)+5wt%Al?Os mostrou uma área mais elevada, o que indica uma carga específica mais elevada em comparação com a película (PVA+LiAsF6) (90:10). (iii) Os voltamogramas cíclicos revelam com firmeza a ciclabilidade e a reversibilidade de todas as películas electrolíticas.

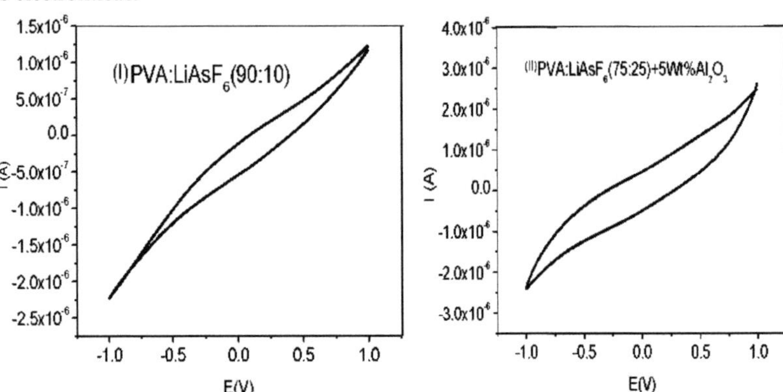

Figura 3.9 Voltamogramas cíclicos de (i) PVA: LiAsF6 (90:10) e (ii) PVA: LiAsF6 (75:25) +5wt% de filmes de Al2O3 com velocidade de varrimento de 0,5 mVs^{-1}

3.2 CONDUTIVIDADE E PROPRIEDADES ÓPTICAS DE FILMES ELECTROLÍTICOS COMPLEXOS DE POLÍMEROS (PVA/LiAsF)6

3.2.1 C.A. Condutividade

A Figura 3.10 mostra o efeito da carga cerâmica TiO2 na condutividade (o) do polímero PVA:LiAsF6 (75:25) com diferentes percentagens de TiO2.

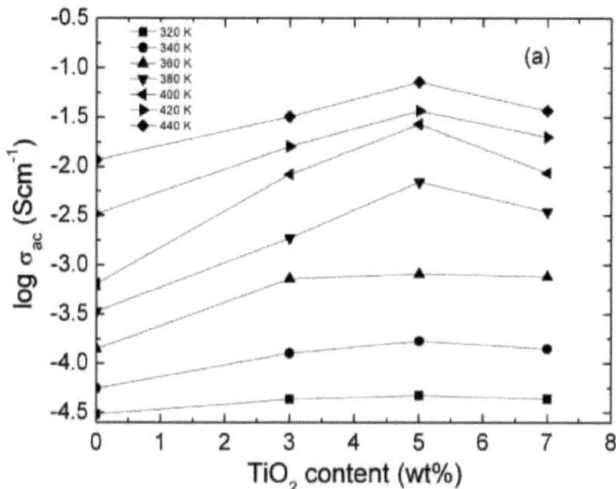

Figura 3.10 O gráfico de condutividade A.C. de vários teores (wt %) de $TiO2$ no fixo (PVA: $LiAsF6$) (75:25) a diferentes temperaturas

Os efeitos máximos no aumento da condutividade foram obtidos para os compósitos com 5 wt% de TiO2 para a composição polímero-sal. A película complexada com sal de polímero apresentou uma condutividade iónica de 3,79x10-4 S cm^{-1} a 320 K e aumentou para 3,98 x10^{-2} S cm^{-1} à medida que a temperatura foi aumentada até 420 K. A amostra dispersa com 5 wt% de TiO2 apresentou condutividades de 5,10x10-4 S cm^{-1} e 0,11 Scm^{-1} às temperaturas de 320 e 420 K, respetivamente. Isto significa que existe um pequeno incremento na condutividade para as cargas cerâmicas das amostras. Assim, a interação das cargas cerâmicas (Al2O3, TiO2) com a matriz polimérica de PVA é provavelmente fraca [74]. Pode atuar como um promotor de dissociação neste sistema polimérico, mas não altera qualquer mecanismo intrínseco para a condução iónica.

De acordo com a regra de condução por percolação [75, 76], a condutividade contribuído pelas trajectórias de percolação seria

$$\sigma = \sigma_0 (p - p_c)^t \quad (3.3)$$

onde p é a probabilidade de percolação, p_c é o limiar de percolação e t é o valor do expoente para o sistema tridimensional da rede é igual a 2 [75]. Convertemos p e p_c na equação (3.3) nos teores de dopagem x e xc e modificamos a equação (3.2) para

$$\log \sigma = \log(\sigma_0) + t \log(x - x_c) \quad (3.4)$$

De acordo com a equação (3.4), a relação log(o) ~ log(x-xc) para o percurso de percolação deve apresentar um comportamento linear. A Fig. 4(b) mostra uma linha reta que indica um proporcionalidade entre σ_{ac} e $\varepsilon = \frac{x - x_c}{x_c}$ or $\frac{p - p_c}{p_c}$. Esta proporcionalidade pode ser comparada com a seguinte lei de potência

$$\sigma_{ac} \propto \varepsilon^{\beta} \quad (3.5)$$

em que β é um componente crítico e o símbolo x é utilizado para indicar a proporcionalidade. O valor de P 0,45 foi obtido a partir da inclinação da curva, como se mostra na Fig. 3.11. Este resultado é consistente com a percolação em modelos tridimensionais que prevêem P=0,44, e P =0,45 [77]. Este tipo de comportamento é também observado por outros investigadores [78].

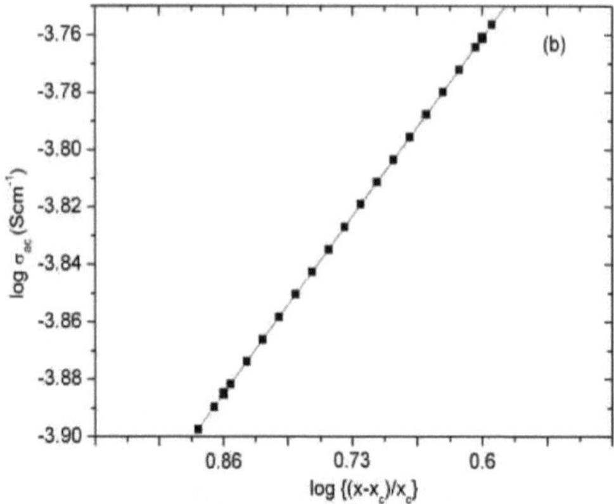

Figura 3.11 Determinação de P a partir do gráfico de log σac vs log {(x-xc)/xc)}

3.2.2 Medição do número de transferência

O número de transferência de iões de lítio (ou seja, Li^+) da amostra foi medido à temperatura ambiente no sistema de eletrólito de polímero. Em condições reais, o fluxo de corrente é também afetado pela formação de uma camada passiva, pelo que é necessária uma correção adequada das alterações de resistência. Para o tipo de célula Li/Li^+ X^- /Li, Bruce e colaboradores [53, 54] introduziram a seguinte correção

$$t_{Li^+} = \frac{I_S(\Delta V - I_0 R_0)}{I_0(\Delta V - I_S R_S)} \qquad (3.6)$$

em que AV é a tensão de corrente contínua aplicada, *Ro* é a resistência da camada passiva, *Rs* é a resistência da camada passiva em estado estacionário, *Io* é a corrente inicial e *Is* é a corrente em estado estacionário.

A medição da espetroscopia de impedância foi efectuada imediatamente antes e depois da polarização d.c. e logo após ter atingido o estado estacionário. No presente filme estável (PVA:$LiAsF_6$) (75:25) + 5wt% TiO? mostrou t_{Li+} = 0,52.

3.2.3 Propriedades ópticas

O estudo da absorção ótica fornece informações sobre a estrutura de bandas dos sólidos. Os isoladores/semicondutores são geralmente classificados em dois tipos: (a) semicondutores de hiato de banda direto e (b) semicondutores de hiato de banda indireto. Nos semicondutores de hiato de banda indireto, a transição da banda de valência para a banda de condução deve estar sempre associada a um fão de magnitude adequada. Davis e Shalliday referiram que, perto do limite da banda fundamental, ocorrem transições directas e indirectas, que podem ser observadas traçando um$^{1/2}$ e um^2 em função da energia hv [79].

$$(h\nu\alpha n)^2 = C_1(h\nu - E_{gd}) \qquad (3.7)$$

$$(h\nu\alpha n)^{1/2} = C_2(h\nu - E_{gi}) \qquad (3.8)$$

A análise de Thutupalli e Tomlin baseia-se nas seguintes relações para semicondutores/isoladores de banda direta e indireta, respetivamente [80].

em que *hv* é a energia do fotão, *Egd* é o hiato de banda direto, E_{gi} é o hiato de banda indireto, n é o índice de refração, *a* é o coeficiente de absorção e C_1, C_2 são constantes. O coeficiente de absorção (a) foi calculado a partir da absorvância *(A)*. Após correção da reflexão, o coeficiente de absorção (a) foi determinado utilizando a relação

$$I = I_0 \exp(-\alpha x) \quad (3.9)$$

$$\alpha = \frac{2.303}{x} \log \frac{I}{I_0} = \left(\frac{2.303}{x} \right) A \quad (3.10)$$

onde x é a espessura da amostra. Para determinar a natureza e a largura do intervalo a, $(ahv)^2$ e $(ahv)^{1/2}$ foram representados em função da energia dos fotões (hv). A posição do limite de absorção foi determinada extrapolando as porções lineares das curvas a vs. hv (Figura 3.12) para o valor de absorção zero. Observa-se que o limite de absorção para o PVA puro se situa em 5,76 eV, enquanto que para as películas de PVA dopadas com 20 e 25 wt% de LiAsF6 o limite de absorção se situa em 4,87 eV e 4,70 eV, respetivamente.

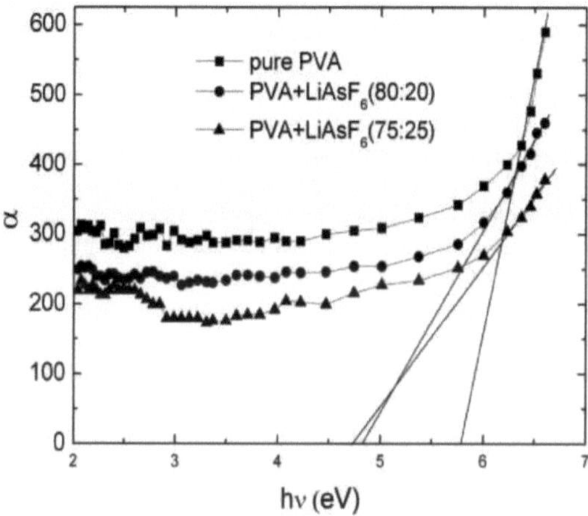

Figura 3.12 Gráficos a vs. hv (energia dos fotões) de películas de PVA não dopadas e dopadas com sal de LiAsF6 em diferentes teores

Quando existe um intervalo de banda direto, o coeficiente de absorção tem a seguinte dependência da energia do fotão incidente [28, 29] onde *Eg* é o intervalo de banda, C (4ж7o / *nc&E*) é uma constante dependente da estrutura do espécime, *a* é o coeficiente de absorção, v é a frequência da luz incidente e h é a constante de Planck.

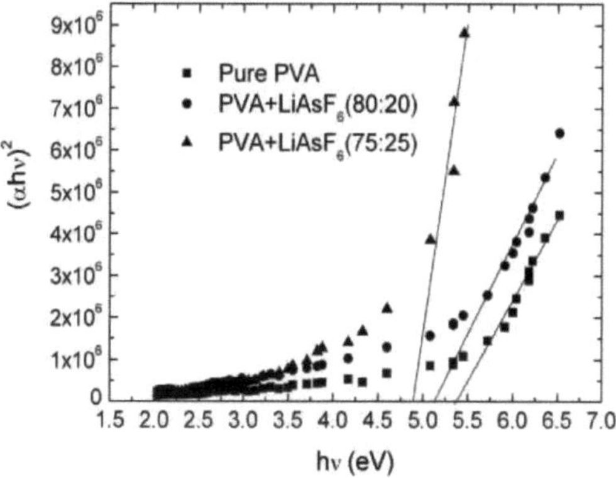

Figura 3.13 Os gráficos $(ahv)^2$ vs. hv (energia dos fotões) de PVA não dopado e de películas dopadas com LiAsF6 em diferentes teores

Os valores directos do intervalo de banda foram obtidos traçando as curvas *(ahv)*^{2} vs. hv (Figura 3.12). Para o PVA puro, observou-se que o intervalo de banda ótica era de 5,40 eV, enquanto que para as películas dopadas os valores eram de 5,12 eV e 4,87 eV, respetivamente. Também se observaram resultados semelhantes para a mistura de polímeros de PVA e o sistema eletrolítico de PVC.

$$\alpha h\nu = C(h\nu - E_g)^{1/2} \qquad (3.11)$$

Para transições indirectas, que requerem a assistência de fões, o coeficiente de absorção tem a seguinte dependência da energia dos fotões [81].

$$\alpha h\nu = A(h\nu - E_g + E_p)^2 + B(h\nu - E_g - E_p)^2 \qquad (3.12)$$

onde *Ep* é a energia do fotão associado à transição, *A* e *B* são constantes que dependem da estrutura da banda. Os valores do intervalo de banda indireto foram obtidos a partir dos gráficos de (*ohv*) /^{12} vs. hv, como se mostra na Figura 3.14. Para o PVA puro, a banda indireta situa-se em 4,75 eV, ao passo que para as películas dopadas o seu valor situa-se em 4,45 eV e 4,30 eV, respetivamente. A diminuição do intervalo de banda ótica/energia de ativação com a dopagem pode ser explicada com base no facto de a incorporação de pequenas quantidades de dopante formar complexos de transferência de carga (CTC) na rede hospedeira. Estes complexos de transferência de carga aumentam a condutividade eléctrica, fornecendo cargas adicionais na rede. Isto resulta numa diminuição da energia de ativação. Os dados de condutividade mostraram uma pequena comparação com as energias do intervalo de banda ótica. Isto deve-se ao facto de a sua natureza ser diferente. Enquanto que a energia necessária para transferir os elementos activos de um para outro na condução corresponde ao intervalo de banda ótica, este corresponde à transição interbanda. Todos estes valores do bordo de absorção e do intervalo de bandas direto e indireto são apresentados na Tabela 3.1.

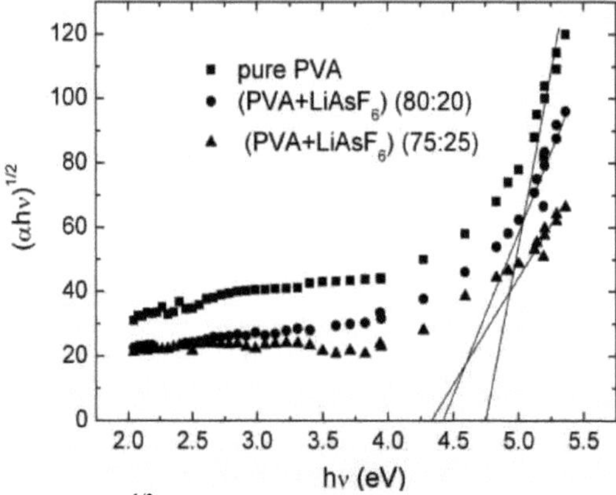

Figura 3.14 Os gráficos (ahv)$^{1/2}$ vs. hv (energia dos fotões) de PVA não dopado e de películas dopadas com LiAsFe em diferentes teores

Quadro 3.1 Limite de absorção, intervalo de banda ótica (direto e indireto) de películas de eletrólito polimérico de PVA não dopadas e dopadas com LiAsF6

Eletrólito de polímero	Limite de absorção (eV)	Lacunas de banda	
		Direto (eV)	Indireta (eV)

PVA puro	5.76	5.40	4.75
PVA:$LiAsF_6$(80:20)	4.87	5.12	4.45
PVA:$LiAsF_6$(75:25)	4.70	4.87	4.30

3.3 PROPRIEDADES ELÉCTRICAS DE FILMES DE POLI(VINIL ALCOOL) (PVA) BASEADOS EM POLÍMEROS COMPLEXOS DE LiFePO4

3.3.1 *Difração de raios X*

O padrão de difração de raios X do PVA puro complexado com o sal LiFePO4 foi apresentado na Figura 3.15. O PVA puro apresentou um pico caraterístico para uma estrutura ortorrômbica centrada a 20 graus, indicando a sua natureza semi-cristalina [57]. O LiFePO4 apresenta uma estrutura ortorrômbica com constantes de rede a=10,33 A, b=6,01 A, c=4,69 A (JCPDS 01-081-1173). O pico de alta intensidade do polímero PVA diminuiu com o aumento do sal LiFePO4 até 25%, depois de ter aumentado para 30%. Este facto pode dever-se à rutura da estrutura cristalina do PVA pelo LiFePO4. Não apareceram picos acentuados relativos ao sal LiFePO4 nos complexos, o que indica a dissolução completa/parcial do sal nas matrizes poliméricas. Os picos de difração são menos intensos no LiFePO4 disperso em PVA quando comparados com os das películas de PVA puro. Este facto indica a diminuição do grau de cristalinidade do polímero com a adição do sal LiFePO4. Um tipo de comportamento semelhante foi também observado noutros polímeros com a adição de sal e de cargas [61, 62]. Os novos picos foram observados a 26,3° , 29,6° , 36° , 55,3°, e 62° em complexos devido ao efeito do sal LiFePO4. Não foram observados picos acentuados para teores mais elevados de 25wt% de sal LiFePO4 no polímero, o que sugere a presença dominante da fase amorfa [58]. Esta natureza amorfa resulta numa maior difusividade iónica com elevada condutividade iónica, que pode ser obtida em polímeros amorfos que têm uma estrutura flexível [59, 60]. Este facto é confirmado por estudos de condutividade. O polímero misturado com 30wt% de sal com pico de alta intensidade comparado com 25wt% indica a presença de alta cristalinidade observada nos estudos SEM.

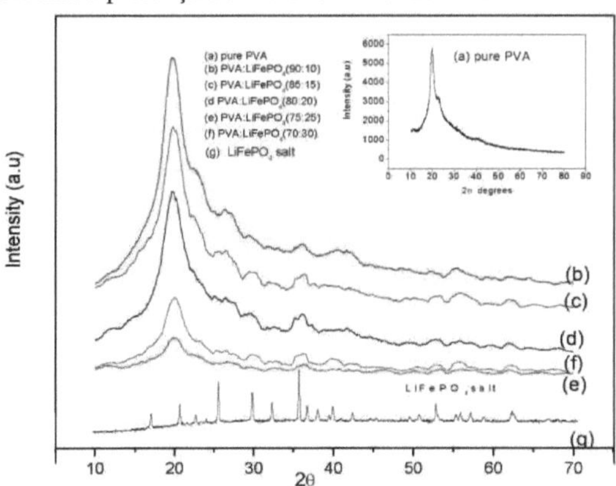

Figura 3.15 Padrões de XRD do sistema eletrolítico polimérico (PVA: LiFePO4) a várias concentrações de sal

3.3.2 *Análise por Calorimetria Exploratória Diferencial*

A fim de obter informações sobre as temperaturas das diferentes transições de fase, foram efectuadas medições DSC nas amostras preparadas. Os gráficos DSC típicos de (PVA+LiFePO4) em diferentes teores são apresentados na Figura 3.16. Observa-se um pico endotérmico a cerca de 195,7°C para o PVA puro, que corresponde à temperatura de fusão do PVA [82].

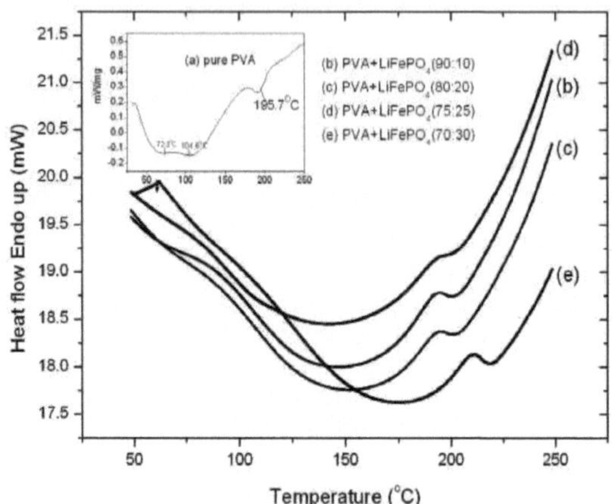

Figura 3.16 Curvas DSC do sal LiFePO4 complexado com PVA em diferentes teores

A complexação do sal LiFePO4 faz com que a temperatura de fusão do polímero diminua de 195,7 para 195,1, 194,7, 193,78°C para 10, 20, 25%, respetivamente. Este tipo de comportamento foi observado no sistema eletrolítico polimérico PEO-LiClO4 [83]. A dispersão do sal LiFePO4 promove a amorfização que, por sua vez, favorece o transporte de iões e, assim, aumenta a condutividade iónica do eletrólito. Este pico foi observado a 210,89C na película (PVA: LiFePO4) (70:30), o que indica que o aumento da cristalinidade e a correspondente diminuição da condutividade da amostra são confirmados por estudos de condutividade.

3.3.3 *Análise de Microscopia Eletrónica de Varrimento*

A Figura 3.17 mostra as imagens SEM do sal LiFePO4, do PVA puro e dos complexos de PVA com o sal LiFePO4. A imagem do sal indica a forma do cristal a granel. O sal cristalino foi partido em pequenos pedaços e misturado com o polímero PVA. É possível que estes iões móveis (Li^+, $FePO4^-$) sejam responsáveis pelo aumento da condutividade quando o campo é aplicado através da película electrolítica. O número de portadores de carga aumenta com o aumento do teor de sal até 25% em peso e, a partir de 30% em peso, diminui devido ao efeito de agregação do sal cristalino. É por isso que o polímero a 30% em peso apresenta uma condutividade inferior à da película a 25% em peso.

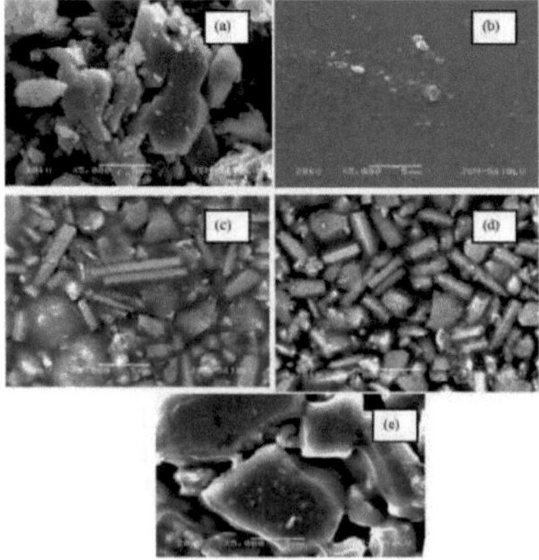

Figura 3.17 Imagens SEM do sal LiFePO4, do PVA puro e de diferentes complexos de sal com PVA

3.3.4 *Análise de Condutividade A.C.*

A espetroscopia de impedância é uma técnica utilizada para estabelecer o mecanismo de condução, observando a participação da cadeia polimérica, a mobilidade e os processos de geração de portadores. As condutividades iónicas foram calculadas utilizando a relação o = *l/RrA*, em que *l* é a espessura, *Rb* é a resistência global e A é a área de contacto da película de eletrólito durante a experiência. A Figura 3.18 mostra os valores de condutividade dos complexos (PVA:LiFePO4) no intervalo de temperatura de 300-420 K.

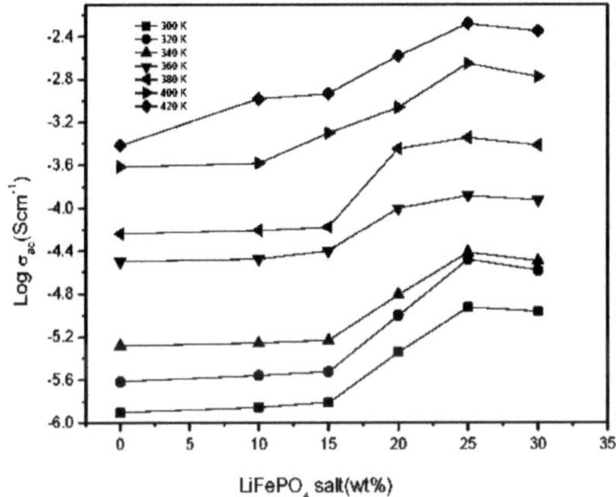

Figura 3.18 Gráfico de condutividade A.C. das várias concentrações da película (PVA: LiFePO4) a diferentes temperaturas

Vários investigadores deram explicações diferentes para o processo de condução no sistema eletrolítico polimérico. Sunandana, et al. referiram que a condutividade depende da concentração de iões móveis, da frequência vibracional dos iões móveis em equilíbrio e da entropia de ativação [84]. Esta entropia (S_a) está envolvida na criação de portadores de carga (S_c) e na migração (S_m). Estes portadores de carga são criados ao acaso dentro dos sítios do polímero. Sob o mesmo nível de energia do movimento segmentar dos polímeros da matriz, os iões portadores que têm um raio grande podem mover-se mais rapidamente nessa matriz. Isto deve-se ao facto de o ião maior ter uma força de interação mais fraca através da interação dipolar do ião. Na presente investigação, o $FePO_4^-$ moveu-se mais rapidamente do que os iões Li^+ . Este facto é confirmado pela medição do número de transferência. Observou-se que à medida que a temperatura aumenta a condutividade também aumenta para todos os complexos e este comportamento está de acordo com a teoria estabelecida por Armand et al. [65]. Isto é racionalizado pelo reconhecimento do modelo de volume livre [66]. Quando a temperatura aumenta, a energia vibracional de um segmento é suficiente para empurrar contra a pressão hidrostática imposta por seus átomos vizinhos e criar uma pequena quantidade de espaço em torno de seu próprio volume no qual o movimento vibracional pode ocorrer [67]. Por conseguinte, o volume livre em torno da cadeia polimérica faz com que a mobilidade dos iões aumente e também devido ao movimento segmentar do polímero faz com que a condutividade aumente. Assim, o aumento da temperatura provoca o aumento da condutividade devido ao aumento do volume livre e da respectiva mobilidade iónica e segmentar. A condutividade aumenta com o aumento do teor de sal devido ao aumento do número de portadores de carga (Li+ e $FePO_4^-$). A amostra com teor de sal de 30wt% apresenta uma diminuição significativa da condutividade em todas as isotérmicas. Este comportamento do sistema complexo polimérico foi explicado por fortes interacções catião-anião devido à formação de uma variedade de formas iónicas e agregadas, carregadas ou não carregadas e associadas ou não associadas às cadeias poliméricas [74]. A condutividade máxima corresponde a uma passagem do regime de agregação limitada por difusão ou de formação de fractais para o regime em que se formam os esferulitos compactos. medida que os esferulitos atingem o seu maior tamanho, ocorre uma queda acentuada na condutividade.

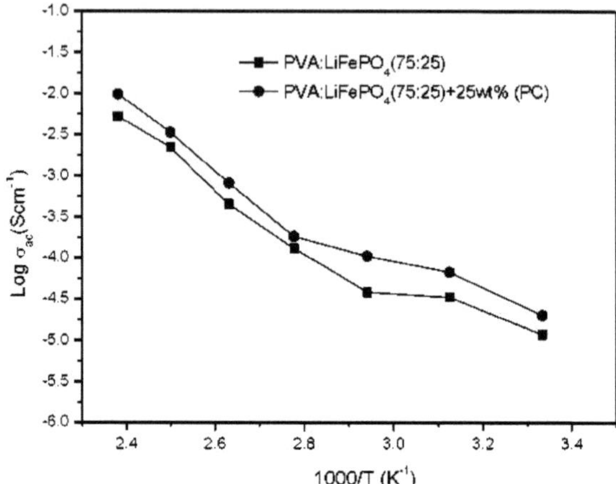

Figura 3.19 O efeito do plastificante na condutividade eléctrica da película (PVA: $LiFePO_4$) (75:25) a diferentes temperaturas

A Figura 3.19 mostra o efeito do plastificante na condutividade. A condutividade foi melhorada na película (PVA: $LiFePO_4$) (75:25) de $1{,}18*10^{-5}$ S cm^{-1} para $3{,}12*10^{-5}$ S cm^{-1} com a adição de 25wt.% de PC à temperatura ambiente. A elevada constante dieléctrica do plastificante ajuda a aumentar a dissociação do sal, enquanto a sua baixa viscosidade conduz a uma maior mobilidade e condutividade [73]. Normalmente, os plastificantes fornecem portadores de carga mais móveis e um meio altamente viscoso para a migração de iões e o movimento segmentar nas matrizes poliméricas.

3.3.5 *Medição do número de transferência*

O número de transferência de iões de lítio (ou seja, $Li+$) da amostra foi medido à temperatura ambiente no sistema de eletrólito de polímero. Em condições reais, o fluxo de corrente é também afetado pela formação de uma camada passiva, pelo que é necessária uma correção adequada das alterações de resistência. Para o tipo de célula $Li/Li^+ X^- /Li$, Bruce e colaboradores introduziram a seguinte correção [53,54].

em que AV é a tensão de corrente contínua aplicada, *Ro* é a resistência da camada passiva, *Rs* é a resistência da camada passiva em estado estacionário, Io é a corrente inicial e I_s é a corrente em estado estacionário. A medição da espetroscopia de impedância foi efectuada imediatamente antes e depois da polarização D.C. e imediatamente após ter atingido o estado estacionário. Na presente amostra em estado estacionário (PVA $+LiFePO_4$) (75:25), $t_{Li+}=0{,}40$

3.3.6 Propriedades dieléctricas

(a) Permissividade dieléctrica dependente da frequência e da temperatura (s^1):

$$t_{Li^+} = \frac{I_S(\Delta V - I_0 R_0)}{I_0(\Delta V - I_S R_S)} \quad (3.13)$$

A Figura 3.20 mostra a variação da permissividade dieléctrica com a frequência do eletrólito polimérico PVA:LiFePO4 (85:15) a diferentes temperaturas. A partir dos gráficos, é evidente que a permissividade diminui monotonicamente com o aumento da frequência e atinge um valor constante a frequências mais elevadas. Um comportamento semelhante foi também observado noutros materiais [68]. Isto porque, para materiais polares, o valor inicial da permissividade dieléctrica é elevado, mas à medida que a frequência do campo é aumentada o valor começa a diminuir, o que pode dever-se ao facto de os dipolos não conseguirem acompanhar a variação do campo a frequências mais elevadas [64] e também devido aos efeitos de polarização [69]. A região de dispersão a baixa frequência é atribuída à acumulação de carga na interface elétrodo-eletrólito. A frequências mais elevadas, a inversão periódica do campo elétrico ocorre tão rapidamente que não há excesso de difusão de iões na direção do campo. Assim, a permissividade dieléctrica (s^1) diminui com o aumento da frequência em todas as amostras. O efeito da frequência pode ser interpretado pelo modelo de circuito equivalente proposto por Goswami e Goswami [81], onde a capacitância em série medida, Cs, é dada por

$$C_S = C' + \frac{1}{\omega^2 R^2 C'} \qquad (3.14)$$

em que C' é a capacitância independente da frequência, R é a resistência dependente da temperatura, ®*é* o *2nf.* A equação acima prevê que *Cs* deve diminuir com o aumento da frequência f, tendendo eventualmente para um valor constante C' para todas as temperaturas e qualquer frequência dada. Uma vez que a permissividade é diretamente proporcional aos valores de *Cs* (s - C_s *d / s_0 A) onde d é a espessura da película e A é a área efectiva (área de contacto do elétrodo durante a experiência). Assim, a permissividade deve diminuir com o aumento da frequência.

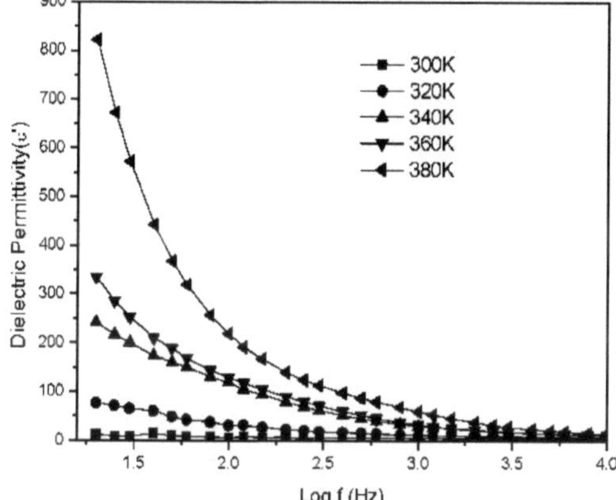

Figura 3.20 Gráfico da permissividade dieléctrica dependente da frequência e da temperatura da película de (PVA: LiFePO4) (85:15)

A Figura 3.20 mostra que a permissividade dieléctrica aumenta com o aumento da temperatura para o sistema eletrolítico polimérico PVA: LiFePO4. A variação de *S* com a temperatura é diferente para polímeros polares e não polares. Em geral, para os polímeros não polares, *S* é independente da temperatura. Mas, no caso dos polímeros polares, a permissividade dieléctrica *(S)* aumenta com o aumento da temperatura. Este comportamento é típico dos dieléctricos polares, uma vez que a orientação dos dipolos é facilitada com o aumento da temperatura e, consequentemente, a permissividade aumenta.

(b) Dependência da frequência e da temperatura tan 5:

A Figura 3.21 mostra a variação da tangente de perda (tan 6) com a temperatura a diferentes frequências do filme eletrolítico de polímero PVA: LiFePO4 (85:15). O pico de perda dieléctrica foi observado a 378,6 K para 300 kHz e é deslocado para uma temperatura mais elevada com a diminuição da frequência. Este facto pode dever-se ao aumento da formação de complexos de sal com as cadeias de polímero. A partir do padrão XRD, é evidente que o presente material é de natureza amorfa. Nas regiões amorfas, as cadeias são irregulares e emaranhadas, enquanto nas regiões cristalinas as cadeias estão regularmente dispostas. Por conseguinte, é muito fácil mover as cadeias moleculares no estado amorfo em vez de no estado cristalino. O empacotamento molecular no estado amorfo é fraco e, por isso, a densidade é menor do que a das regiões cristalinas. Assim, as cadeias na fase amorfa são mais flexíveis e são capazes de se orientar com relativa facilidade e rapidez. Os dipolos na cadeia lateral do polímero orientar-se-ão com determinadas frequências regidas pela força de restauração elástica que liga os dipolos às suas posições de equilíbrio e pelas forças de fricção rotacionais exercidas pelos dipolos vizinhos. Na fase amorfa, as moléculas dipolares devem ser capazes de se orientar de uma posição de equilíbrio para outra com relativa facilidade e contribuir para a absorção numa vasta frequência ou temperatura [69, 71].

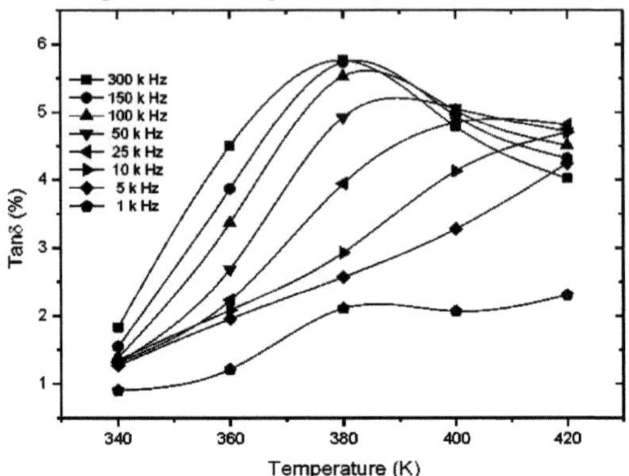

Figura 3.21 Gráfico de perda dieléctrica versus temperatura da película (PVA: LiFePO4) (85:15) a diferentes frequências

(c) Análise da variação da tangente de perdas ou do fator de dissipação (tanS):

A tangente de perda (tan 5) é o rácio entre o fator de perda e a permissividade relativa, e é uma medida do rácio entre a perda de energia eléctrica e a energia armazenada num campo periódico. A Figura 3.22 mostra a variação da perda dieléctrica com a frequência a diferentes temperaturas. A partir dos gráficos, é evidente que, a te aumentou ligeiramente com a frequência a diferentes temperaturas, atingiu um valor máximo e depois diminuiu. A perda dieléctrica mais elevada a frequências mais baixas deve-se à acumulação de carga livre na interface entre o eletrólito e os eléctrodos [72]. A frequências mais elevadas, a inversão periódica do campo elétrico ocorre tão rapidamente que não há excesso de difusão de iões na direção do campo. A polar-ionização devido à acumulação de carga diminui, levando à diminuição do valor da perda dieléctrica. Além disso, verificou-se que a frequência correspondente à perda máxima se desloca para frequências mais elevadas com o aumento da temperatura. Os picos de perda e as suas deslocações com a temperatura sugerem um processo de relaxamento dielétrico. Os dados nos gráficos ajustam-se utilizando o processo de Debye (gráfico inserido), em que a relação para *fmax* é dada por

$$f_{max} = f_0 \exp\left(\frac{-E_a}{kT}\right) \qquad (3.15)$$

em que fmax é a frequência de um pico de relaxação, *f* é uma constante, *k* é a constante de Boltzmann, Ea é a energia de ativação da migração de iões móveis e T é a temperatura absoluta. Os valores de energia de ativação avaliados são 0,35, 0,32 0,30, 0,27 e 0,28 eV para as amostras de 10, 15, 20, 25 e 30 wt%, respetivamente. Estes resultados indicam que os valores da energia de ativação diminuíram com o aumento do teor de sal LiFePO4 até 25% em peso e depois aumentaram ligeiramente para a amostra de 30% em peso. No presente trabalho, a tangente de perda mostrou-se altamente dependente da frequência, mas observaram-se menos variações com o teor de sal.

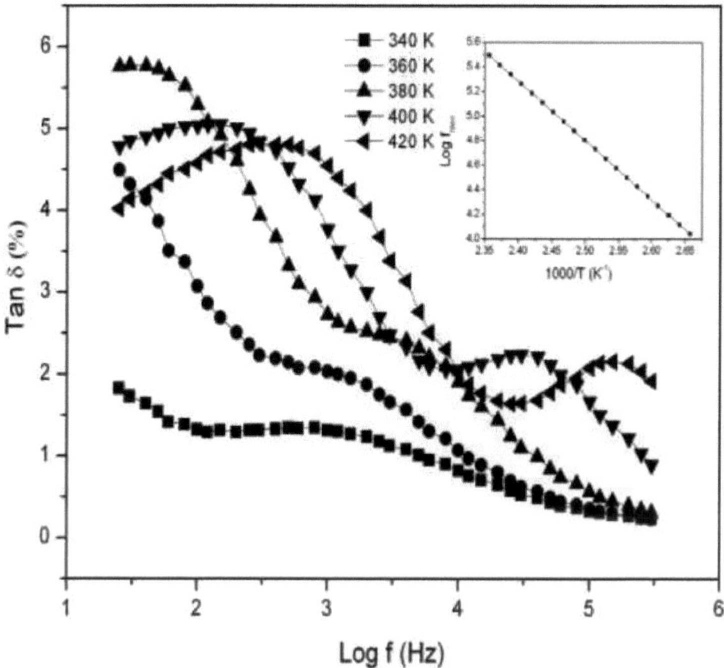

Figura 3.22 Gráfico de perda dieléctrica versus frequência da película (PVA: $LiFePO_4$) (85:15) a diferentes temperaturas. O gráfico inserido mostra o log f_{max} vs 10 /T^3

3.3.7 Análise de Voltamogramas Cíclicos

As películas de eletrólito de polímero foram colocadas entre dois eléctrodos de bloqueio de alumínio e, em seguida, a região de tensão cíclica de -1,0 a 1,0 V com uma taxa de varrimento de 0,05 mVs^{-1} utilizando o sistema potenciostato 30 do Auto Lab para determinar o comportamento voltamétrico cíclico do eletrólito. Assim, foi possível determinar a janela de estabilidade eletroquímica do eletrólito de polímero alcalino. Já foi realizado um procedimento experimental semelhante para electrólitos à base de PVA-PMMA e PMMA [65, 70]. Algumas características distintas são as seguintes.

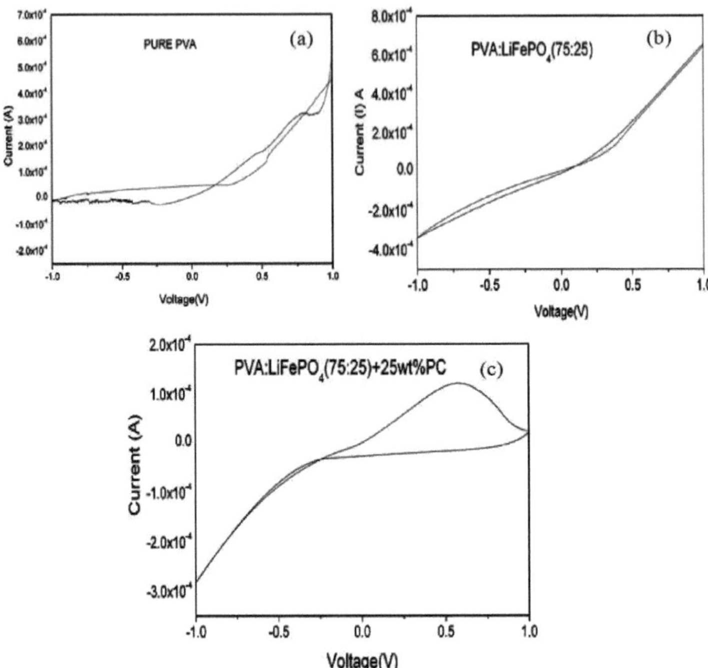

Figura 3.23 Voltamogramas cíclicos de (a) PVA puro, (b) PVA: LiFePO4 (75:25) e (c) PVA: LiFePO4 (75:25) +25wt% de filmes de PC com velocidade de varrimento de 0,05mVs^{-1}

Obteve-se uma janela eletroquímica de -1V a 1V para PVA puro, (PVA+LiFePO4) (75:25), (PVA+LiFePO4) (75:25) + 25 wt% de películas de PC, como se mostra na Figura 23. Os picos catódicos e anódicos estavam ausentes na célula usada com o polímero (PVA+LiFePO4) (75:25), o que indica a não interação do lítio no eletrólito polimérico com os eléctrodos de alumínio (Al), enquanto que no caso do PVA puro aparece ligeiramente como se mostra na Figura 3.23(a) & (b). Na Figura 3.22(c), a célula de película de (PVA+LiFeF6) (75:25) + 25 wt% PC mostra uma curva de área mais elevada, o que indica uma carga específica mais elevada em comparação com a película de (PVA+LiFePO4) (75:25). O aumento linear da corrente de pico com a velocidade de varrimento indica a presença de uma camada de polímero electroactivo imobilizado no elétrodo. É de notar que a película apresenta um processo redox reversível relativamente amplo, o que ilustra a sua electroactividade [85, 86]. Os voltamogramas cíclicos mostram com firmeza a ciclabilidade e a reversibilidade de todas as películas electrolíticas.

Capítulo 4

TENSIOACTIVO DE POLÍMEROS E COMPÓSITOS DE CÁTODOS DE ÓXIDOS METÁLICOS

4.1 PEO SURFACTANTE V2O5 NANOTUBOS

4.1.1 DIFRACÇÃO DE RAIOS X

Os padrões de difração de raios X dos nanotubos de V2O5 e dos nanotubos de V2O5 com 0,5 mol% de tensioativo PEO são apresentados na Figura 4.1. A partir dos padrões de XRD, é evidente que os nanotubos e os nanotubos de PEO surfactante exibiram picos semelhantes e mais fortes em (001) (002) (110) (210) e (310), onde a estrutura é preservada. Não foram observados picos de quaisquer outras fases ou impurezas, demonstrando que os nanotubos de V2O5 com elevada pureza podem ser obtidos utilizando o presente processo de síntese, enquanto o PEO funcionou como um reator de superfície. Não foram observados picos relacionados com polímeros no padrão de XRD dos nanotubos de V2O5 com surfactante PEO.

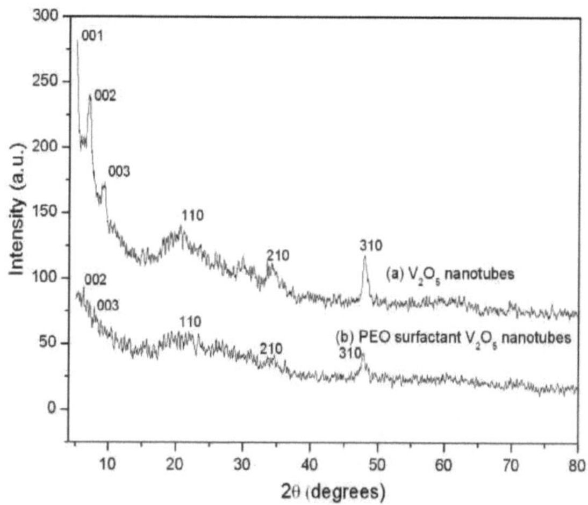

Figura 4.*1* Padrões de XRD de (a) nanotubos de V2O5 (b) nanotubos de V2O5 com tensioativo PEO

4.1.2 Análise dos espectros de radiação infravermelha com transformada de Fourier (FTIR)

Os espectros FT-IR dos nanotubos de V2O5 e dos nanotubos de V2O5 com tensioativo PEO são apresentados na Figura 4.2. Os fortes picos de absorção a 2956, 2918, 2850 e 1468 cm^{-1} , que podem ser atribuídos aos modos de estiramento e de flexão das diferentes vibrações C-H no modelo de hexadecilamina, respetivamente. Estas bandas também aparecem na mesma região de comprimento de onda que nos nanotubos de V2O5 com surfactante PEO.

Apareceram duas bandas de absorção a 3414 e 1646 cm^{-1} , que podem ser atribuídas aos modos de estiramento e de flexão das vibrações O-H, respetivamente. Isto mostra a intercalação de moléculas de água nas camadas de nanotubos de V2O5 [87]. As bandas de absorção entre 400 e 1000 cm^{-1} podem ser indexadas a várias vibrações (de grupo) do tipo V-O [87]. Existem três bandas principais Vs (V=O), $_{vs}$ (V-O-V) e V_{as} (V-O-V) que aparecem a 1005, 574 e 487 cm^{-1} nos nanotubos de V2O5 e são deslocadas para 999, 574 e 500 cm^{-1} nos nanotubos de V2O5 com tensioativo PEO. Os modos de vibração (Vs e $_{vas}$) deslocados exibem os estados de oxidação e redução do óxido de vanádio (V $^\wedge V^{4+5+}$), respetivamente.

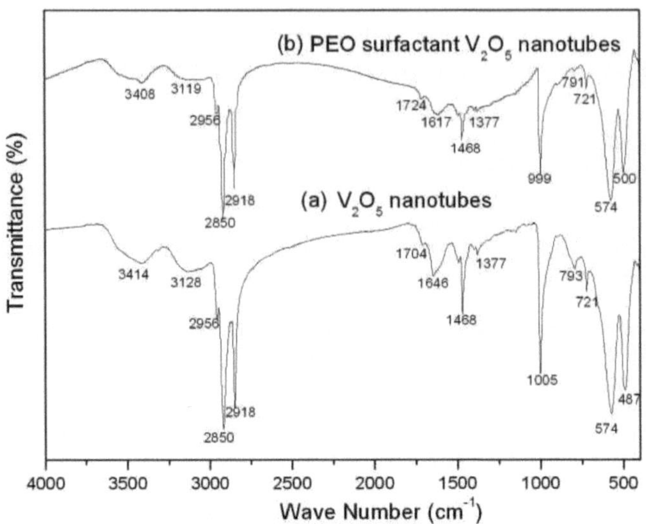

Figura 4.2 Espectros FTIR de (a) nanotubos de V2O5 (b) nanotubos de V2O5 com tensioativo PEO

4.1.3 SEM e TEMAnálise

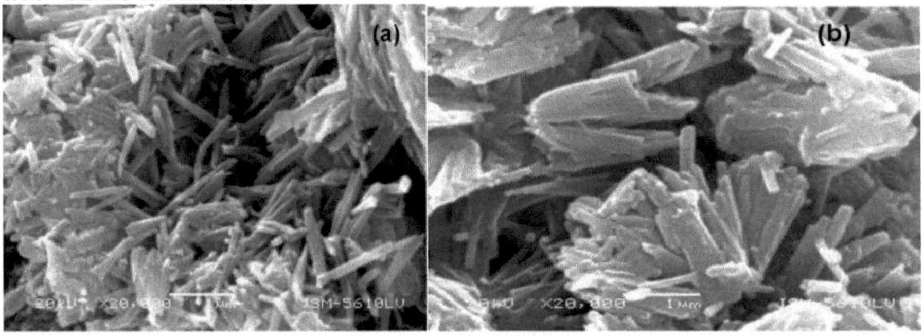

Figura 4.3 Imagens SEM de (a) nanotubos de V2O5 (b) anotubos de V2O5 com tensioativo PEO

A figura 4.3 mostra as imagens de microscopia eletrónica de varrimento de nanotubos de V2O5, nanotubos de V2O5 com tensioativo PEO uniformemente distribuídos e claramente visíveis. Os nanotubos de óxido de vanádio são frequentemente cultivados em conjunto e separadamente. Para os materiais de nanotubos de surfactante PEO, é interessante verificar que os tubos crescem frequentemente juntos e são formados como feixes. A partir das imagens SEM, o comprimento e o diâmetro dos nanotubos são de 0,6-1,7 pm e 100-200 nm, respetivamente.

A Figura 4.4 mostra imagens TEM de nanotubos de V2O5 e de V2O5 com tensioativo PEO. Na Fig. 4.4 (b), os diâmetros interno e externo e as distâncias da rede cristalina são de 11,64, 54 e 3,325 nm, respetivamente. De acordo com as imagens TEM, não se registam alterações significativas nos diâmetros e nas distâncias da rede devido ao efeito do PEO.

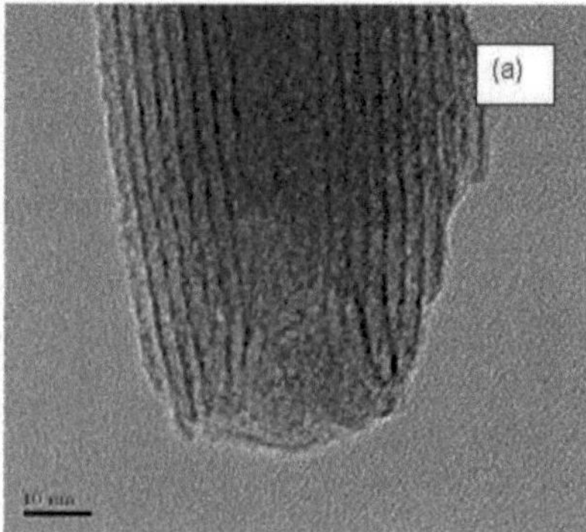

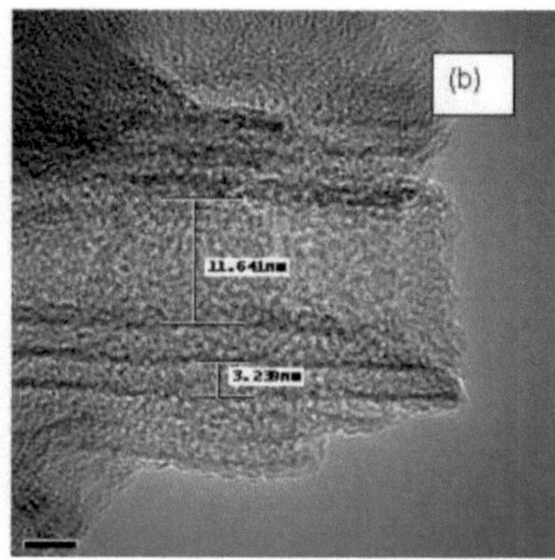

Figura 4.4 Imagens TEM de (a) nanotubos de V2O5 (b) anotubos de V2O5 com tensioativo PEO

4.1.4 Análise CVA

A Figura 4.5 mostra os voltagramas cíclicos dos nanotubos de V2O5 e dos nanotubos de V2O5 com surfactante PEO, nos quais foram traçadas as curvas de ciclo de 1 -10^{stth} . A área A_i (i é o número do ciclo) circundada por cada curva de ciclo representa a quantidade de inserção de iões Li+. A eficiência do ciclo é calculada pela seguinte equação.

$$Q_i = A_i / A_1 \quad (4.1)$$

em que Qi = eficiência do ciclo, A_1 = a área da curva do primeiro ciclo, A_i = a área da curva do ciclo i. A eficiência do terceiro ciclo (Q_3) do nanotubo de V2O5 e dos nanotubos de V2O5 com tensioativo PEO foi de 94,6 e 96,8 %, respetivamente. Entretanto, a eficiência do décimo ciclo (Q_{10}) do nanotubo de V2O5 e dos nanotubos de V2O5 com tensioativo PEO foi de 74,8% e 85,6%, respetivamente. Estes resultados indicam que a estabilidade cíclica dos nanotubos de V2O5 com tensioativo PEO aumentou quando comparada com a dos nanotubos de V2O5. Dois picos de corrente catódica surgiram nos potenciais de 2,20 e 3,15 V e um pico anódico surgiu a 3,03 V na curva do primeiro ciclo dos nanotubos de V2O5 com tensioativo PEO (Figura 4.5b). Estes picos foram atribuídos à inserção/extração de iões Li^+ entre as camadas de nanotubos de V2O5 com tensioativo PEO. Além disso, os picos foram deslocados com o aumento do número de ciclos, o que sugere uma interação irreversível dos iões Li^+ entre os nanotubos de PEO surfactante V2O5. No entanto, surgiu um pico a 3,03 V na polarização anódica, indicando que os iões de lítio são extraídos simultaneamente das camadas de V2O5. Verificou-se que o primeiro e o décimo ciclos também exibem picos catódicos e anódicos, indicando que a reversibilidade da inserção/extração de iões Li^+ nos nanotubos de V2O5 com surfactante PEO foi melhorada. O primeiro ciclo dos nanotubos de V2O5 mostrou dois picos a 1,81 e 2,18 V no processo de polarização catódica (Figura 4.5a), correspondendo aos dois processos diferentes de iões Li^+ . Estes dois picos podem ser atribuídos à inserção de iões de lítio nos nanotubos de V2O5. No entanto, um pico óbvio observado a 2,95 V na polarização anódica e que desaparece completamente com o aumento do número de ciclos indica um fraco desempenho cíclico da bateria feita de cátodo de nanotubos de V2O5. Também foram observados resultados semelhantes em nanomateriais de MoO3 misturados com PEO [88].

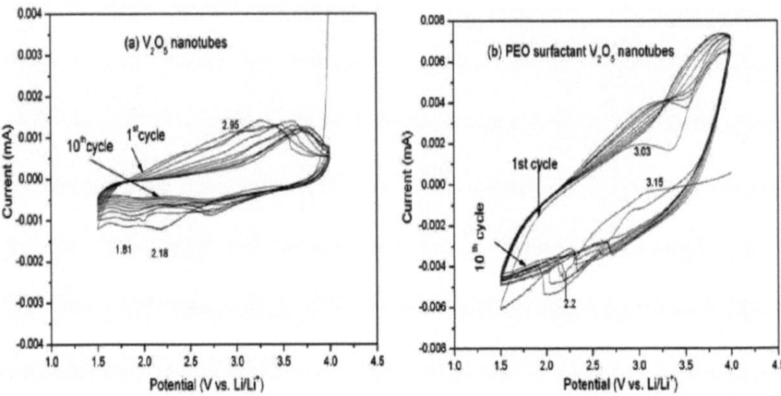

Figura 4.5 Voltamogramas cíclicos de (a) nanotubos de V2O5 (b) nanotubos de V2O5 com tensioativo PEO nos primeiros 10 ciclos

4.1.5 Características de descarga da bateria

A Figura 4.6 mostra as curvas da capacidade de descarga versus o número de ciclos para os eléctrodos constituídos por nanotubos de V2O5 e nanotubos de V2O5 com surfactante PEO com densidade de corrente de carga-descarga de 21,86 mAg^{-1} a 25 °C. A capacidade de carga específica inicial de 185 $mAhg^{-1}$ dos nanotubos de V2O5 já foi relatada pelo nosso grupo [89]. As curvas de descarga mostraram um processo de várias etapas devido às suas alterações estruturais após o processo de inserção/extração de iões Li+ [90]. A capacidade específica que aumenta no segundo ciclo de nanotubos de V2O5 puro em comparação com a do primeiro ciclo deve-se provavelmente à fissuração da película causada pelo primeiro ciclo. As fissuras ou defeitos nas películas após o primeiro ciclo permitem uma maior liberdade de carga volumétrica durante a inserção/extração de iões de lítio e, assim, a capacidade aumenta no segundo ciclo [86]. A capacidade de descarga dos nanotubos de PEO surfactante V2O5 é de 142 $mAhg^{-1}$ no primeiro ciclo, que é inferior à dos nanotubos de V2O5. A sua capacidade diminuiu lentamente e mantém-se em 95 $mAhg^{-1}$ após 15 ciclos, o que corresponde a 66,9% da sua capacidade inicial. A diminuição da capacidade da pilha de nanotubos de V2O5 com tensioativo PEO pode dever-se à diminuição do estado de oxidação médio do vanádio. A capacidade de descarga dos nanotubos de V2O5 com tensioativo PEO é menor nos números cíclicos mais baixos e apresenta melhores resultados após 10th números cíclicos em comparação com os nanotubos de V2O5. Na presente investigação, observámos que o aumento da estabilidade da descarga da bateria pode dever-se ao aumento da inserção/extração de iões Li^+ nos nanotubos de V2O5 com tensioativo PEO.

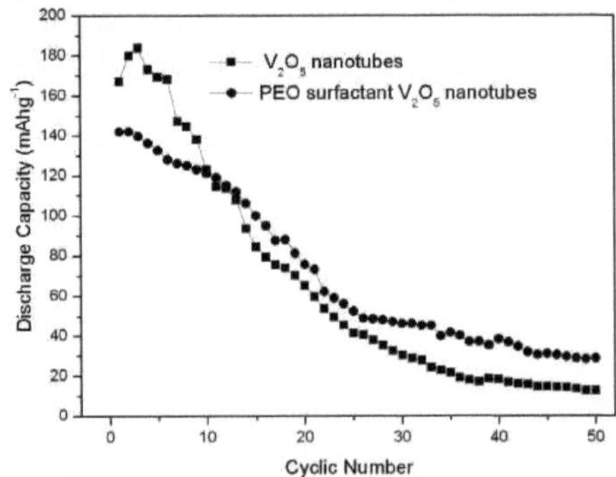

Figura 4.6 Propriedades cíclicas dos nanotubos de V2O5 e dos nanotubos de V2O5 com tensioativo PEO nos primeiros 50 ciclos

4.2 NANOBELTS DE M0O3 DE SURFACTANTE DE PINOS

4.2.1 Difração de raios X

A Figura 4.7 mostra os padrões de difração de raios X de nanobelts MoO3 puros e diferentes nanobelts de MoO3 com surfactante PEG em mol%.

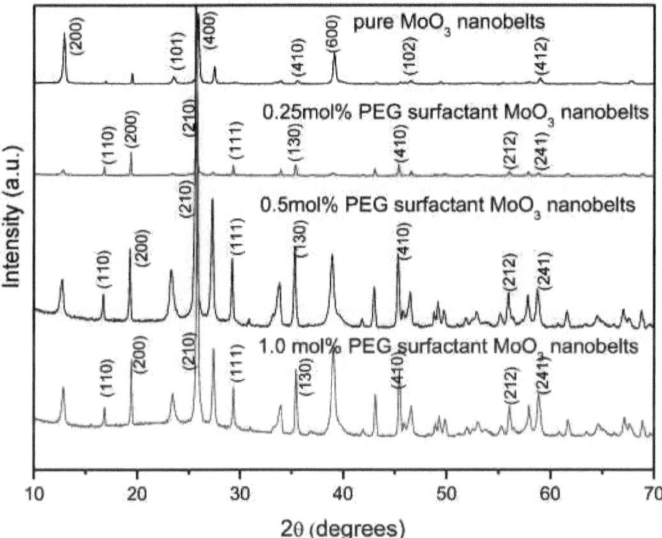

Figura 4.7 Padrões de difração de raios X dos nanobelts de MoO3 e do surfactante PEG MoO3.

A partir dos padrões de XRD, a composição de fase do MoO3 puro foi identificada como uma estrutura ortorrômbica, grupo espacial (62) Pnma com constantes de rede a=13,825(A), b=3,694 (A), c=3,954 (A) (JCPDS 03-065-2421). Para o tensioativo PEG a 0,25, 0,5 e 1,0 mol%, os nanobelts de MoO3 apresentam uma estrutura hexagonal com o grupo espacial P63/m (No: 176) e constantes de rede a=10,584(A), b=10,584(A), c=3,7278(A)(JCPDS 01-083-1176). Estes resultados indicam que os nanobelts de MoO3 foram alterados para uma estrutura hexagonal devido à presença de PEG durante o processo de síntese hidrotérmica.

4.2.2 Análise dos espectros FTIR

T s nanobelts de MoO3 e os compósitos de nanobelts de MoO3 com tensioativo PEG foram apresentados na Figura 4.8. Os nanobelts de MoO3 apresentam três modos vibracionais principais na gama 400-1000 cm^{-1} . O modo de estiramento de simetria do oxigénio terminal (vs) do Mo=O e os modos de assimetria e de estiramento de simetria do oxigénio da ponte (vas e vs) do Mo-O-Mo estão a 999, 862 e 549 cm^{-1} , respetivamente [91]. As bandas de absorção O-H apareceram a 3420 e 1630 cm^{-1} que podem ser atribuídas à presença de moléculas de água. A ausência de bandas de vibração do PEG nos nanobelts de MoO3 com surfactante PEG indica que, após a reação hidrotérmica, o PEG pode ser completamente removido por lavagem.

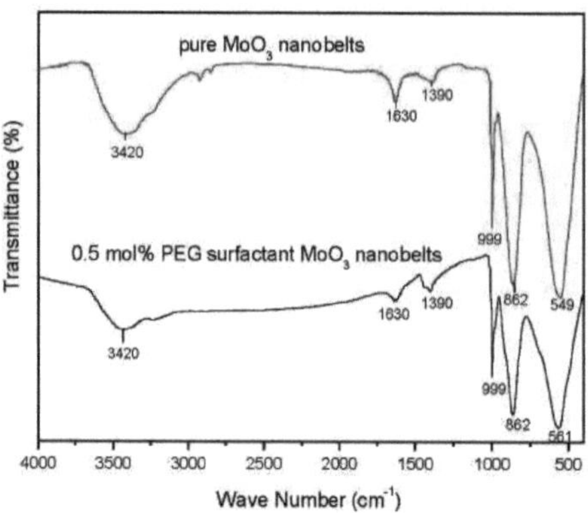

Figura 4.8 Espectros FTIR de MoO3 e 0,5 mol% PEG surfactante MoO3 nanobelts

4.2.3 Calorimetria Exploratória Diferencial

A figura 4.9 mostra as curvas de termogravidade (TG) e de calorimetria diferencial de varrimento (DSC) dos nanobelts de MoO3 com tensioativo PEG. Os resultados da DSC mostram a existência de um único pico endotérmico largo correspondente ao oxigénio endotérmico, que ocorre juntamente com a conversão de diferentes estados de oxigénio na região 490-540°C para os nanobelts de MoO3 com tensioativo PEG. A curva TG está dividida em três domínios de temperatura: 40-195, 90-385 e 385-490C. O primeiro passo até 195 C é atribuído à remoção de água solta. A segunda onda de perda de peso estende-se até cerca de 415 C devido à libertação de água intra-molecular ligada ao molibdénio. A quantidade de água perdida foi estimada a partir das curvas TGA e mostrada na Figura 4.9.

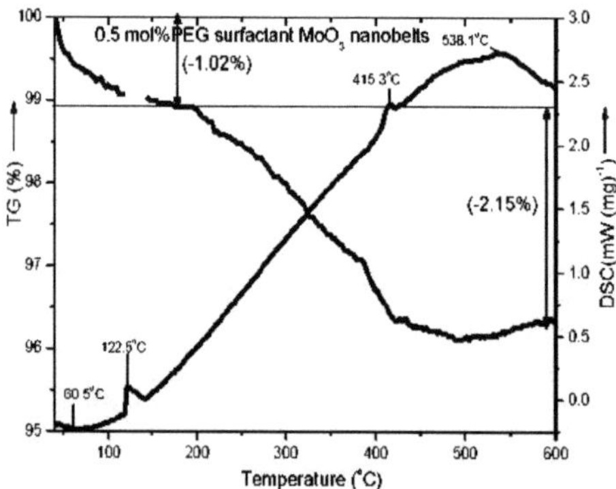

Figura 4.9 Curva TG e DSC de nanobelts de MoO3 com tensioativo PEG a 0,5 mol%

4.2.4 *A nálise SEM*

A Figura 4.10 mostra as imagens SEM de nanobelts MoO3 puros, 0,25 mol% e 0,5 mol% de nanobelts de MoO3 com surfactante PEG. Os nanobelts de MoO3 puro com cerca de 150-320 nm foram cultivados individualmente e separadamente, enquanto que os nanobelts de MoO3 com tensioativo PEG a 0,25 e 0,5 mol% foram cultivados da mesma forma que os nanobelts de MoO3 puro com dimensões inferiores devido à elevada reatividade do poli(etilenoglicol). As larguras dos nanobelts de MoO3 com 0,25 e 0,5 mol% de tensioativo PEG foram de 70-210 e 70-180 nm, respetivamente.

Figura 4.10 Imagens SEM de (a) MoO_3 nanobelts (b) 0,25 mol% PEG surfactante MoO_3 nanobelts e (c) 0,5 mol% PEG surfactante MoO3 nanobelts

4.2.5 *TEMAnálise*

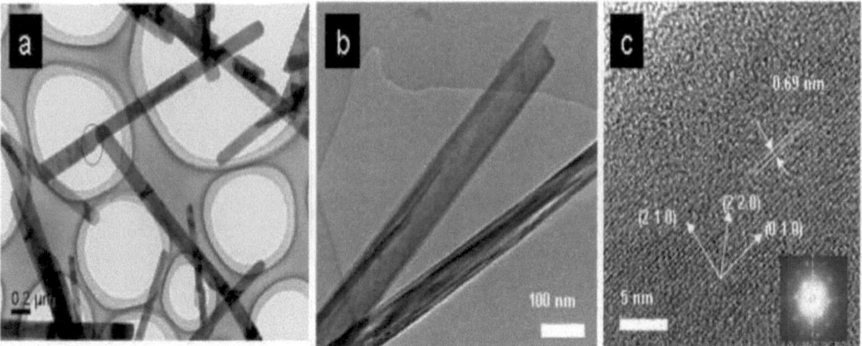

Figura 4.11 Imagens TEM de (a) nanobelts de MoO3 (b) e (c) nanobelts de MoO3 com 0,5 mol% de tensioativo PEG

A Figura 4.11 mostra as imagens TEM de nanobelts MoO_3 puros e 0,5 mol% PEG surfactante MoO3 nanobelts. A partir da Figura 4.11 (a) e (b) a respiração de nanobelts MoO3 e 0,5 mol% PEG surfactante MoO3 nanobelts para ser 200 e 100 nm, respetivamente. A partir da Figura 4.11 (c), a distância da rede dos nanobelts de MoO3 com tensioativo PEG foi de 0,69 nm, o que corresponde ao valor de (210).

4.2.6 *Análise CVA*

A Figura 4.12 mostra as primeiras 5 curvas de voltamogramas cíclicos (CV) de nanobelts de MoO3 puro e de nanobelts de MoO3 com surfactante PEG. A voltametria cíclica é uma das técnicas electroanalíticas promissoras para estudar a transformação de fase do par redox, especialmente durante o processo de inserção e extração [92]. A área A_i (i é o tempo de ciclo) que está rodeada por cada curva de ciclo representa a quantidade de inserção de iões Li+. A eficiência do ciclo foi calculada pela seguinte equação.

$$Q_i = A_i / A_1 \quad (4.2)$$

em que Qi = a eficiência do ciclo, A_1 = a área da curva do primeiro ciclo, A_i = a área da curva do ciclo i. A eficiência do terceiro ciclo do Q3 para os nanobelts de MoO3 puro e de MoO3 com tensioativo PEG é de 85,96 % e 89,36 %, respetivamente. Entretanto, a eficiência do quinto ciclo Q5 dos nanobelts de MoO3 com tensioativo PEG é de 82,6%, superior à dos nanobelts de MoO3 puro (78,90%). A maior eficiência de ciclo dos nanobelts de MoO3 com tensioativo PEG indica que a estabilidade da propriedade de ciclo aumenta quando o PEG é adicionado aos nanobelts de MoO3 durante o processo hidrotérmico. Além disso, existem picos de corrente catódica e anódica, que surgem em torno dos potenciais de 2,05, 2,71 V e 2,41, 2,98 V no primeiro ciclo dos nanobelts de MoO3 puro, como se mostra na Figura 4.12(a). Estes dois conjuntos de picos podem ser atribuídos à inserção/extração de iões Li^+ entre as camadas intermédias e intralayer do octaedro MoO6 [93]. Verificou-se que os picos de oxidação se deslocaram para determinados potenciais devido à transformação da estrutura e ao colapso do material ativo [94]. Este fenómeno é mais observado no caso dos nanobelts de MoO3 do que no caso dos nanobelts de MoO3 com surfactante PEG, indicando que a ciclabilidade da inserção/extração de iões Li^+ diminui após várias varreduras. Foram também observados resultados semelhantes nos compósitos PEO/MoO3 nanobelt e CX-SiO [94, 95].

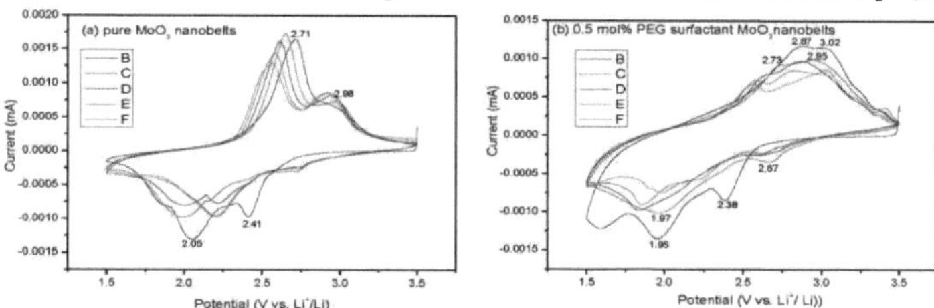

Figura 4.12 Voltamogramas cíclicos de (a) nanobelts de MoO3 (b) nanobelts de MoO3 com surfactante PEG a 0,5 mol% para os primeiros cinco ciclos

4.2.7 Características de descarga da bateria

A figura 4.13 mostra as características de descarga de nanobeltas de MoO3 puro e de MoO3 com tensioativo PEG em diferentes proporções, com uma densidade de corrente de carga-descarga de 30,69 mAg^{-1} a 25 °C. A capacidade específica inicial do nanobeltro de MoO3 puro mostra 276 $mAhg^{-1}$, mas a sua acentuada depreciação no segundo ciclo de 200 $mAhg^{-1}$ pode dever-se a alterações irreversíveis (como a cristalização) da estrutura do material após o primeiro processo de inserção/extração de iões de lítio e/ou a alguns dos sítios activos do material electroactivo estarem ocupados pelo lítio. O aumento da capacidade específica no terceiro ciclo de nanobeltas de MoO3 puro, em comparação com o segundo ciclo, deve-se provavelmente à fissuração da película causada pelo segundo ciclo. A fissuração ou os defeitos nas películas após o segundo ciclo permitem uma maior liberdade de carga volumétrica durante a inserção/extração do ião de lítio [86].

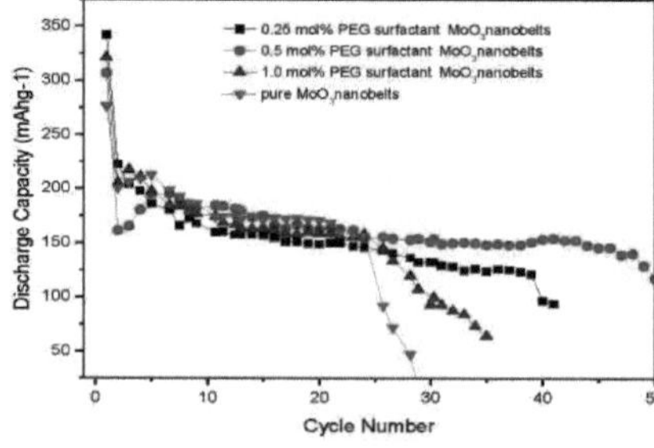

Figura 4.13 Curvas características de descarga dos nanobelts de MoO3 e dos nanobelts de MoO3 com tensioativo PEG a diferentes mol%

Após 25 ciclos, a capacidade específica da bateria de nanobelt MoO3 puro diminuiu abruptamente para 92 mAhg-1, enquanto os nanobelts de MoO3 surfactante PEG mostram 156 $mAhg^{-1}$ revela que a estabilidade da bateria de material surfactante aumentou. A estabilidade de descarga dos nanobelts de MoO3 com tensioativo PEG aumenta em comparação com a dos nanobelts de MoO3 puro, porque o PEG reduziu as dimensões dos nanobelts, o que aumenta a estabilidade cíclica e a reversibilidade devido ao aumento da inserção/extração de iões Li+. A partir destas características de descarga, os nanobelts de MoO3 com surfactante PEG a 0,5 mol% são um dos melhores candidatos possíveis para aplicações em baterias de lítio.

4.2.8 Espectroscopia de impedância eletroquímica

A espetroscopia de impedância eletroquímica (EIS) é uma técnica bem estabelecida para estudar a cinética do elétrodo de materiais catódicos e anódicos [96]. A EIS pode fornecer informações sobre a película de superfície, a transferência de carga e as resistências globais do elétrodo, as capacitâncias associadas e a sua variação com a tensão aplicada durante o ciclo de carga-descarga [97]. Foram obtidos gráficos de impedância para baterias de eléctrodos de MoO3 com surfactante PEG e nanobelts de MoO3 puro a diferentes potenciais 1,5, 2,0, 3,0 e
3.5 V são apresentados na Figura 4.30. Em primeiro lugar, a presença de um laço semi-circular a frequências mais elevadas é atribuída a reacções farádicas. A resistência medida (interceção do semicírculo ao longo do eixo x) é composta pela resistência iónica do eletrólito, a resistência intrínseca do material ativo e a resistência de contacto na interface material ativo/coletor de corrente. A segunda região de frequência intermédia, a linha 45° C, é a caraterística da difusão de iões na estrutura porosa do elétrodo. Em terceiro lugar, nas baixas frequências, a inclinação do gráfico de impedância aumenta e tende a tornar-se puramente capacitiva, o que demonstra que a capacitância eletroquímica do material é mais elevada [97, 98]. Como se pode ver na Figura. 4.14 Os nanobelts de surfactante PEG apresentam uma resistência muito menor na região de frequência mais elevada, o que indica uma melhor condutividade eletrónica e uma menor resistência de contacto entre os materiais ou entre o material e o coletor de corrente, em comparação com os nanobelts de MoO3 puro. A razão provável é que os nanobelts de PEG surfactante têm uma área de contacto muito melhor entre os materiais, o que melhora a condutividade eléctrica [94].

O circuito equivalente que melhor se adapta aos dados experimentais na gama de potencial 1,5, 3,0 V e 3,5 V para os nanobelts de MoO3 e 2,0, 3,0, 3,5 V para o compósito de nanobelts de MoO3 com tensioativo PEG é apresentado na Figura 4.15(a) e pode ser expresso como

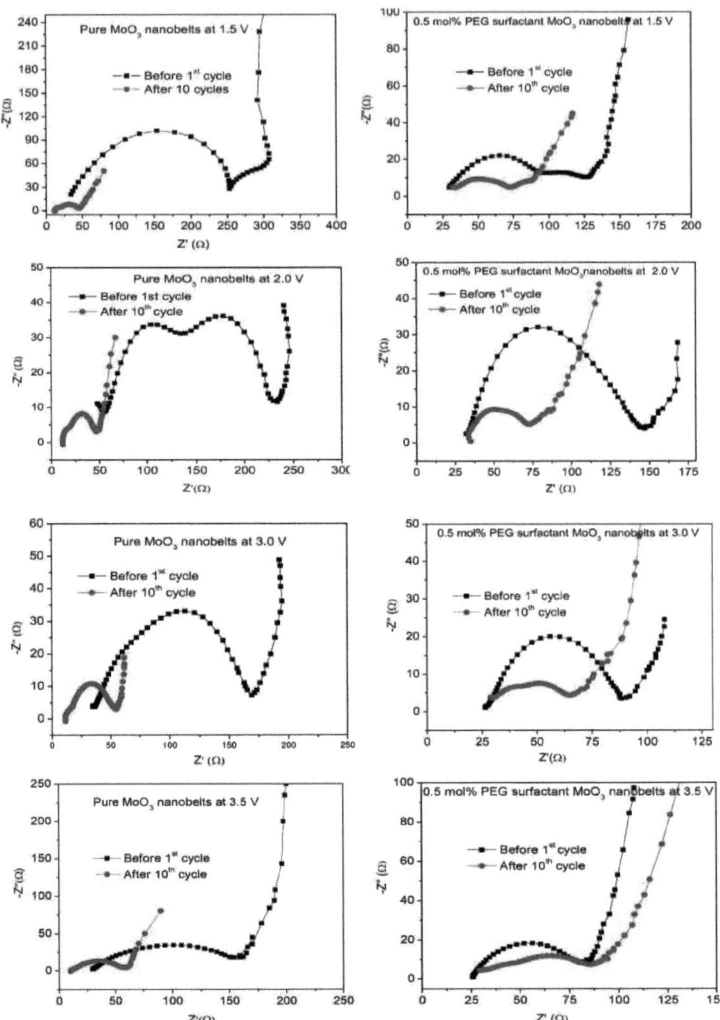

Figura 4.14 Gráficos de Nyquist (Z' vs. -Z") de nanobelts MoO3 e nanobelts de surfactante PEG 0,5 mol% em vários potenciais de 1,5, 2,0, 3,0 e 3,5 V

$$R_0(Q_1[Rct_1(Rd_1Q_2)] \qquad (4.3)$$

em que R0 é a resistência óhmica do elétrodo e do eletrólito, Qi, Q2 são os elementos de fase constantes, Rcti é a resistência à transferência de carga do processo Faradic que ocorre na interface óxido/eletrólito, Rdi é a resistência iónica resultante da difusão dos iões de lítio. Verificou-se que os potenciais de 2,0 V para os nanobelts de MoOs puros e de 1,5 V para os nanobelts de MoOs com surfactante PEG exibem dois semicírculos parcialmente sobrepostos nas frequências alta a média e uma linha reta inclinada a baixa frequência [99]. O circuito equivalente para este sistema de células está representado na Figura 4.15(b). Onde Q3 e RSEI são a capacitância e a resistência da interface eletrólito sólido (SEI) correspondentes ao semicírculo a alta frequência, Q4 e Rct2 (a capacitância de dupla camada e a resistência de transferência de carga, respetivamente) correspondem ao semicírculo a média frequência e Zw (a impedância de Warburg) corresponde a uma linha estreita inclinada a baixa frequência [100, 101]. Observou-se que o diâmetro do semicírculo a frequências mais altas e médias depende da taxa de transferência de iões Li+.

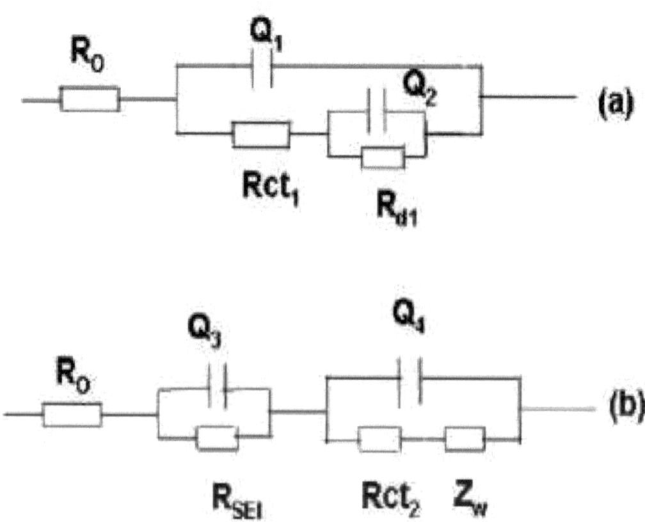

Figura 4.15 Circuitos equivalentes para os gráficos de impedância eletroquímica a 1,5, 3,0, 3,5 V para nanobelts de MoO3 puro (b) nanobelts de MoO3 com surfactante PEG a diferentes potenciais e 2,0 V para nanobelts de MoO3 puro

4.3 COMPÓSITOS PEO/VO2 NANOBELT

4.3.1 *Difração de raios X*

Os padrões de difração de raios X dos nanobelts de VO2 (B) e dos compósitos de nanobelts de PEO/VO2 (B) são apresentados na Figura 4.16. O padrão XRD dos picos do óxido de vanádio (VO2) (B) pode ser indexado ao sistema monoclínico com as constantes de rede *a* = 12,03 A, *b* = 3,693 A e *c* = 6,42 A [JCPDS 31-1438]. Não foram observados picos de quaisquer outras fases ou impurezas, o que demonstra que é possível obter nanobeltas de VO2 (B) com elevada pureza utilizando o presente processo de síntese, em que o compósito de nanobeltas PEO/VO2 apresentou picos de intensidade aumentada de (-201), (110) devido à presença de PEO e picos de intensidade elevada aos mesmos 29 (graus). A partir da figura, é evidente que os nanobelts de VO2 (B) e o compósito de nanobelts de PEO/VO2 (B) apresentam picos de DRX semelhantes, o que indica que a estrutura do material hospedeiro é preservada. Mas a maior parte da intensidade dos picos diminui ligeiramente devido ao efeito do PEO que cobre a superfície dos nanobelts.

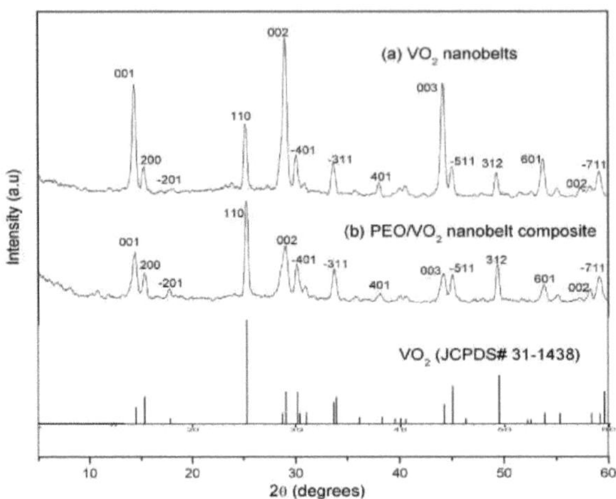

Figura 4.16 Padrões de DRX de (a) nanobelts de VO2 (b) compósitos de nanobelts de PEO/VO2

4.3.2 *Análise dos espectros FTIR*

Os espectros FTIR dos nanobelts de VO2 e dos compósitos PEO/VO2 são apresentados na Figura 4.17. As bandas características que apareceram em ambas as amostras de nanobelts de VO2 e nanobelts de PEO/VO2 a 2919 e 2850 cm^{-1} foram atribuídas às vibrações de estiramento assimétrico e simétrico CH3 do 2-PC (C4H6O3). A banda larga a 3404 cm^{-1} e a banda de absorção fraca a 1628 cm^{-1} foram atribuídas à vibração de amido e de flexão do grupo H2O ou hidroxilo absorvido. Os nanobelts de VO2 e PEO/VO2 apresentam três modos vibracionais principais na região de 500-1040 cm^{-1}. O modo de amido simétrico do oxigénio terminal (vs) do V=O e os modos de amido assimétrico e simétrico do oxigénio da ponte (vas e vs) do V-O-V estão a 999, 923, 534 cm^{-1}, respetivamente. No material compósito aparecem outras bandas a 876, 1042, 1122, 1155, 1420, 1729, 2521 cm^{-1} devido à presença de PEO.

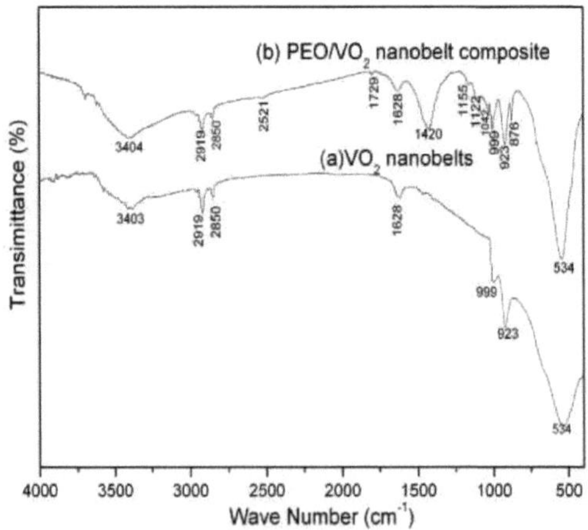

Figura 4.17 Espectros FTIR de (a) nanobelts de VO2 (b) compósitos de nanobelts de PEO/VO2

4.3.3 *SEM e TEMAnálise*

As imagens de microscopia eletrónica de varrimento da Figura 4.18 mostram os nanobelts de VO2 e o composto de nanobelts PEO/VO2 uniformemente distribuídos e claramente visíveis. Os nanobelts de óxido de vanádio misturados com PEO cresceram frequentemente em conjunto sob a forma de feixes bem compactados. É interessante verificar que os materiais de nanobeltas de VO2 crescem maioritariamente individualmente ou separadamente. A partir da Figura 4.18 (a), verifica-se que o comprimento e o fôlego dos nanobelts são de cerca de 1-3 pm, 200-250 nm, respetivamente. O comprimento dos cinturões de nanobelts diminuiu com a mistura de PEO. O comprimento e a largura dos nanobelts foram de (Figura 4.18 (b)) 0,5-1,25 pm, 60-200 nm, respetivamente.

Figura 4.18 Imagens SEM de (a) nanobelts de VO2 (b) compósitos de nanobelts PEO/VO2.

A Figura 4.19 mostra imagens TEM, que indicam que a largura e a espessura do nanobeltro de VO2 são de cerca de 220 e 60 nm, respetivamente, enquanto que nos nanobeltos de VO2 misturados com PEO a largura e a espessura são de cerca de 95 e 30 nm, respetivamente. Assim, podemos dizer que o PEO não existe apenas entre os nanobelts e funciona também como um reagente de superfície durante o processo hidrotérmico.

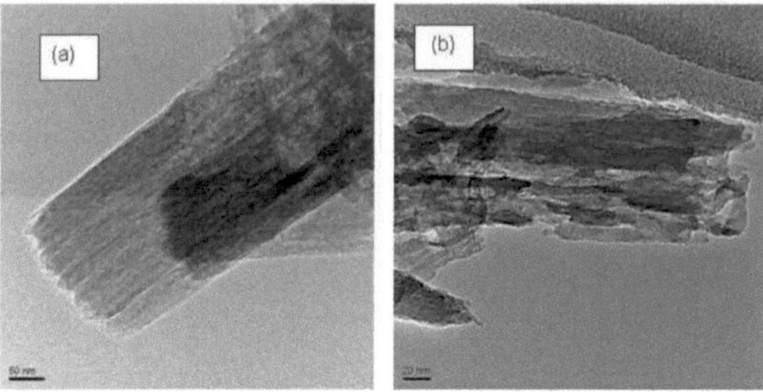

Figura 4.19 Imagens TEM de (a) nanocamadas de VO2 e (b) compósitos de nanocamadas de PEO/VO2

4.3.4 *Análise CVA*

A voltametria cíclica é uma das técnicas electroanalíticas promissoras para estudar a transformação de fase do par redox, especialmente durante o processo de inserção e extração. A Figura 4.20 mostra as curvas do primeiro e do décimo voltamograma cíclico (CV) dos nanobelts de VO2 e do compósito de nanobelts de PEO/VO2. A área A_i (i é o tempo de ciclo) circundada por cada curva de ciclo representa a quantidade de inserção de iões Li+. A eficiência do ciclo foi calculada pela seguinte equação.

$$Q_i = A_i / A_1 \quad (4.4)$$

em que Qi = eficiência do ciclo, A_1 = a área da curva do primeiro ciclo, A_i = a área da curva do ciclo i. A eficiência do ciclo de diferentes tempos de ciclo e materiais é apresentada na Tabela 4.1. A eficiência do quarto ciclo do Q4 para VO2 puro e compósitos de nanocamadas PEO/VO2 é de 63,3 % e 87,43 %, respetivamente. Do mesmo modo, a eficiência do oitavo ciclo do Q8 para VO2 puro e nanobeltas PEO/VO2 é de 55,7 % e 82,1 %, respetivamente. Entretanto, a eficiência do décimo ciclo Q10 do compósito de nanobeltas PEO/VO2 é de 80,8%, superior à das nanobeltas de VO2 puro (50,1%). A maior eficiência cíclica do compósito de nanocamadas PEO/VO2 indica que a estabilidade das propriedades cíclicas aumenta quando o PEO é misturado com os nanobelts de VO2. Além disso, existem picos de corrente catódica e anódica, que surgem em torno dos potenciais de 1,79, 1,98 V e 3,59, 3,24 V no primeiro e décimo ciclos, respetivamente. Nos nanobelts de VO2 puro, os picos catódicos e anódicos não são claros, o que indica uma perda de capacidade irreversível devido aos iões Li+ alojados nos nanobelts de VO2. Verificou-se que os picos de redução e oxidação se deslocaram para potenciais mais elevados devido à perda de cristalinidade dos nanobelts PEO/VO2, indicando que a ciclabilidade da inserção/extração de iões Li^+ diminui após várias varreduras. Verificou-se que, no décimo ciclo, os dois picos catódicos e anódicos ainda existem, o que indica que a reversibilidade da inserção/extração de iões Li^+ no compósito de nanobeltas de PEO/VO2 foi melhorada. As diferentes eficiências de ciclo são apresentadas na Tabela 4.1

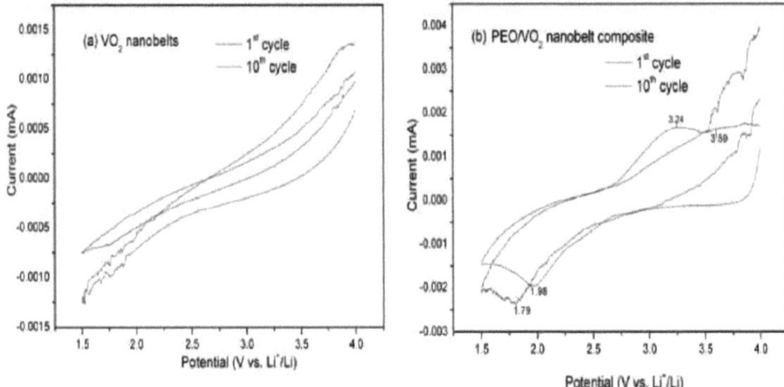

Figura 4.20 Voltagramas cíclicos de (a) nanobelts de VO2 e (b) compósitos de nanobelts de PEO/VO2 no primeiro e no décimo ciclos.

Tabela 4.1 A eficiência do ciclo dos materiais em diferentes ciclos

Material	Q4	Q8	Q10
Nanobeltas de VO2 puro	63.3	55.7	50.1
Compósito de PEO/VO2 nanobelt	87.43	82.1	80.8

4.3.5 Características de carga/descarga da bateria

A Figura 4.21 mostra as curvas da capacidade de descarga em função do número de ciclos para os eléctrodos fabricados a partir de nanobelts de VO2 e do compósito de nanobelts de PEO/VO2 a

25°C. A capacidade de descarga dos nanobelts de VO2 mostrou 152 $mAhg^{-1}$ no primeiro ciclo e diminui gradualmente nos ciclos seguintes, mantendo ainda 115 $mAhg^{-1}$ após 50 ciclos, o que corresponde a cerca de 75,6% da sua capacidade inicial. A estabilidade de descarga do compósito PEO/VO2 nanobelt torna-se mais elevada, em comparação com a dos nanobelts de VO2 puro, porque parte do espaço ocupado pelo PEO entre os nanobelts.
As primeiras curvas de carga e descarga das células de VO2 e do compósito de nanobeltas PEO/VO2 são apresentadas na Figura 4.22. Além disso, as células misturadas de PEO em nanobeltas de VO2 apresentam uma boa retenção de capacidade durante o ciclo. Estes resultados obtidos em eletrólito orgânico oferecem uma perspetiva interessante para as baterias de lítio aquosas.

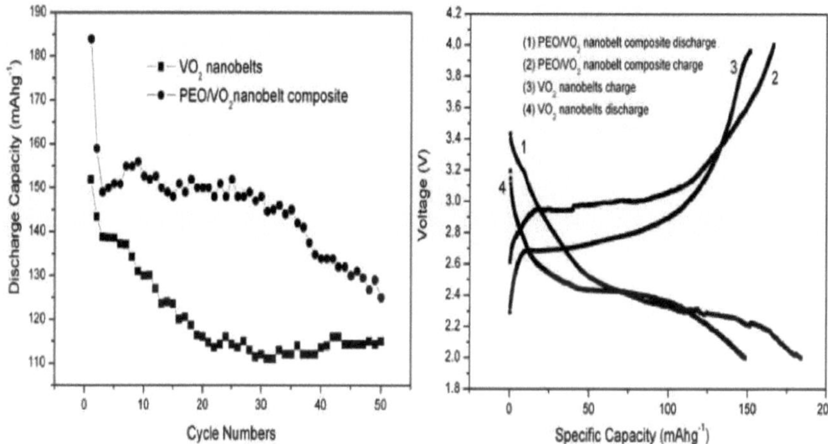

Figura 4.21 (esquerda) As curvas características de descarga de (a) nanobelts de VO2 e (b) compósitos de nanobelts de PEO/VO2.

Figura 4.22 (direita) Os primeiros ciclos de carga e descarga dos nanobelts de VO2 (3, 4) e dos compósitos de nanobelts de PEO/VO2 (1, 2).

Comparando com a primeira capacidade de descarga específica de ambos os materiais, notamos que os dados mostraram uma depreciação acentuada nas segundas capacidades de descarga específicas, que são 143, 159 $mAhg^{-1}$ respetivamente. É provável que este fenómeno se deva a alterações irreversíveis (como a cristalização) da estrutura do material após o primeiro processo de inserção/extração de iões de lítio e/ou que alguns dos locais activos do material electroactivo sejam ocupados por lítio. Aumenta significativamente a estabilidade e a reversibilidade do ciclo dos nanobelts de VO2, reduzindo o tamanho e a complexação com iões Li^+, protegendo eficazmente a interação eletrostática entre iões Li^+ e nanobelts de VO2. Comportamento semelhante também foi observado noutros nanomateriais MoOs [91]. Todos estes resultados indicam que o compósito PEO/VO2 nanobelt é também um dos possíveis materiais catódicos para a aplicação de baterias de iões de lítio.

4.4 COMPÓSITOS PANI/M0O3 NANOBELT

4.4.1 Difração de raios X

A Figura 4.23 mostra a análise de difração de raios X de nanobelts MoO_3 puros e compósito de nanobelt de MoO3 misturado com PANI em diferentes wt%. A partir dos padrões de XRD, a composição de fase das duas amostras de MoO3 puro e 0,02% em peso de compósito de nanobelt de PANI/MoO3 foi identificada como ortorrômbica, grupo espacial Pnma com constantes de rede a=13,825(A), b=3,694 (A), c=3,954 (A) (JCPDS 03-065-2421). Os nanobelts de PANI/MoO3 a 0,02 mol% e os nanobelts de MoO3 puro apresentam a mesma posição de pico, o que indica que a estrutura é preservada. O pico (101) aumentou nos nanobelts de PANI/MoO3 a 0,02 mol% devido à existência do pico da PANI no mesmo ângulo em comparação com o dos nanobelts de MoO3 puro. Não foram observados picos de quaisquer outras fases ou impurezas, o que demonstra que foi possível obter nanobeltas de MoO3 com elevada pureza utilizando o presente processo de síntese, enquanto a PANI serviu como material híbrido. A concentração mais elevada de 0,05 mol% de PANI misturada com MoO3 alterou a sua estrutura como MoO2 (JCPDS#03-065-1273) devido à elevada reatividade da PANI.

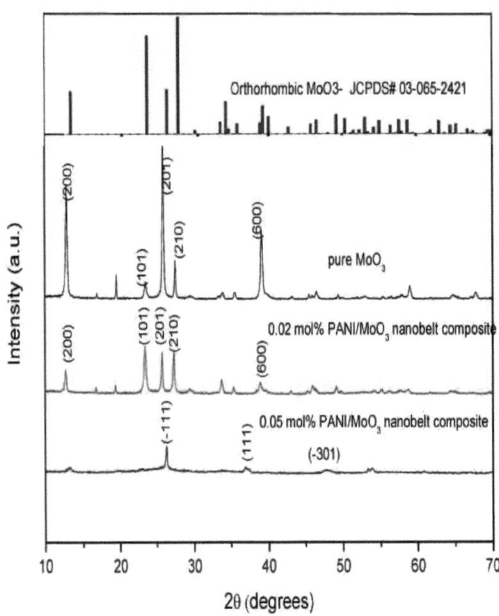

Figura 4.23 Padrões de XRD do compósito de nanocamadas de MoO3 e PANI/MoO3 a 0,02 mol%.

4.4.2 Análise dos espectros FTIR

Os nanobelts MoO3 e os compósitos de nanobelt PANI/MoO3 foram mostrados na Figura 4.24. O modo de estiramento do oxigénio Mo-terminal está localizado a 997 cm^{-1} . As bandas de absorção a 865 cm^{-1} e 560 cm^{-1} são atribuídas a vibrações de estiramento dos átomos O3 e O2 ligados a dois e três átomos de molibdénio, respetivamente [91]. Na Figura 4.24 (b), pequenas bandas a 1397, 1306, 1250, 1150 cm^{-1} mostram a presença de polianilina. A banda de absorção O-H apareceu a 1445 cm^{-1} , o que pode ter diminuído o compósito de nanocamadas de PANI/MoO3 através da substituição de moléculas de PANI.

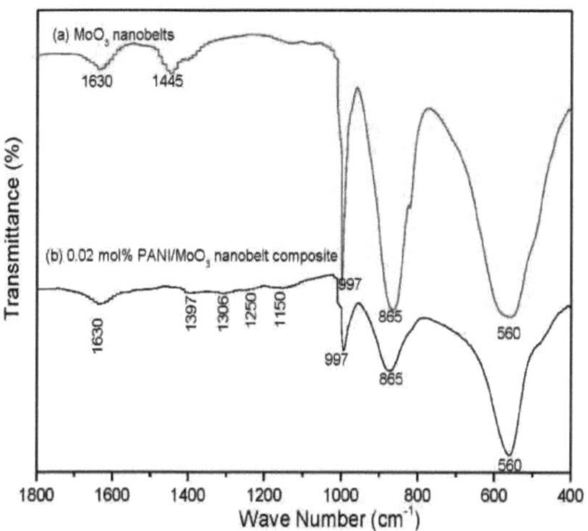

Figura 4.24 Espectros FTIR do MoO3 e do compósito de nanocamadas de PANI/MoO3 a 0,02 mol%

4.4.3 Calorimetria diferencial de varrimento

A Figura 4.25 mostra as curvas de termogravidade (TG) e de calorimetria diferencial de varrimento (DSC) do compósito de nanocamadas de PANI/MoO3 a 0,02 mol%. O resultado da DSC mostra que houve um único pico endotérmico largo correspondente à combustão do polímero na região 460-485 °C para os nanobelts de PANI/MoO3. A curva TG está dividida em três domínios de temperatura de 40-90, 90-335 e 335-525 C. O primeiro passo até 200C é atribuído à remoção de água solta. A segunda onda de perda de peso estende-se até cerca de 335 C devido à libertação da água intramolecular ligada ao molibdénio. A quantidade de água perdida foi estimada a partir das curvas TGA e mostrada na Figura 4.25. Um tipo de comportamento semelhante foi também observado por outros investigadores [90].

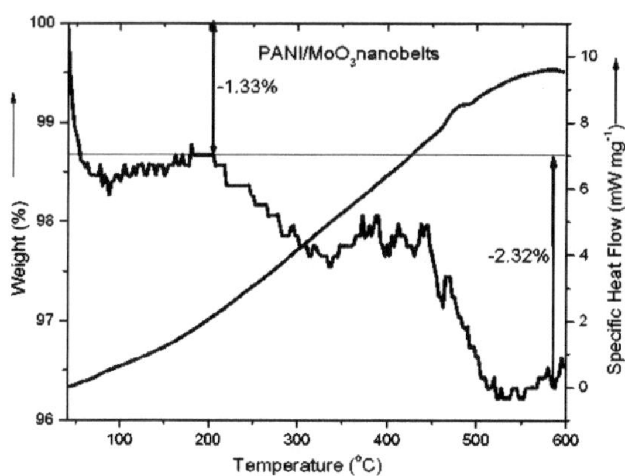

Figura 4.25 TG e curva DSC de 0,02 mol% PANI/MoO3 nanobelt compósito

4.4.4 *A nálise SEM*

Figura 4.26 Imagens SEM de (a) nanobelts de MoO_3, (b) compósito de nanobelts de PANI/MoO_3 a 0,02 mol% e (c) compósito de nanobelts de PANI/MoO_3 a 0,05 mol%.

A Figura 4.26 mostra as imagens SEM de nanobelts de MoO_3 puro, 0,02 mol% e 0,05 mol% de compósitos de MoO_3 misturados com PANI. Os nanobelts de MoO_3 puro com cerca de 100-300 nm foram cultivados individual e separadamente, enquanto os nanobelts de PANI/MoO_3 a 0,05 mol% foram cultivados como flores devido à elevada reatividade da polianilina. Os nanobelts de MoO_3 misturados com 0,02 mol% de PANI cresceram de forma muito clara e separada.

4.4.5 *TEMAnálise*

A Figura 4.27 mostra as imagens TEM dos nanobelts de MoO_3 e do compósito de nanobelts de PANI/MoO_3. A existência de PANI na superfície dos nanobelts no material compósito foi claramente observada, como mostra a Figura 4.27(b). A partir da Figura 4.27 (a) e (b), a largura dos nanobelts de MoO_3 e dos nanobelts de PANI/MoO_3 a 0,2 mol% foi claramente observada.

de 200 e 100 nm, respetivamente. A partir da Figura 4.27 (c), a distância da rede dos nanobelts de PANI/MoO_3 foi de 0,39 nm, o que corresponde ao valor de (100).

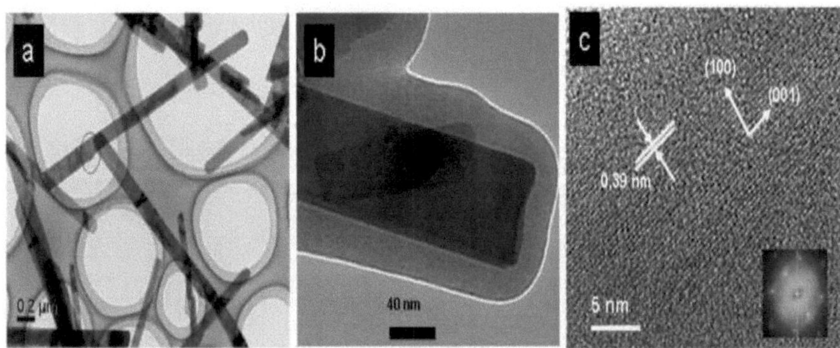

Figura 4.27 Imagens TEM de (a) nanobelts MoO_3 e
(b) e (c) são os compósitos de nanocamadas de PANI/MoO_3 a 0,02 mol%.

4.4.6 *Análise CVA*

A Figura 4.28 mostra os voltamogramas cíclicos dos nanobelts de MoO_3 puro e do compósito de nanobelts de PANI/MoO_3. A voltametria cíclica é uma das técnicas electroanalíticas promissoras para estudar a transformação de fase do par redox, especialmente durante o processo de inserção e extração [92]. A Figura 4.28 mostra as curvas do primeiro voltamograma de 5 ciclos (CV) dos nanobelts de MoO_3 e do compósito de nanobelts de PANI/MoO_3. A área A_i (i é o tempo de ciclo) que está rodeada por cada curva de ciclo representa a quantidade de inserção de iões Li^+. A eficiência do ciclo foi calculada pela seguinte equação.

$$Q_i = A_i / A_1 \quad (4.5)$$

em que Qi = a eficiência do ciclo, A1 = a área da curva do primeiro ciclo, Ai = a área da curva do ciclo i. A eficiência do terceiro ciclo do Q3 para MoO3 puro e compósitos de nanocintas PANI/MoO3 é de 85,96% e 95,13%, respetivamente. Entretanto, a eficiência do quinto ciclo Q5 do compósito de nanocintas PANI/MoO3 é de 88,93%, superior à dos nanobelts de MoO3 puro (78,90%). A eficiência de ciclo mais elevada do compósito PANI/nanobelta de MoO3 indica que a estabilidade da propriedade de ciclo aumenta quando a PANI é misturada com os nanobeltas de MoO3. Além disso, existem picos de corrente catódica e anódica, que aparecem nos potenciais de 2,05, 2,71 V e 2,41, 2,98 V no primeiro ciclo dos nanobelts de MoO3 puro, como se mostra na Figura 4.28(a). Estes dois conjuntos de picos podem ser atribuídos à inserção/extração de iões Li+ entre as intercamadas do octaedro MoO6 e as intralayer [93]. Verificou-se que os picos de oxidação se deslocaram para determinados potenciais devido à transformação da estrutura e ao colapso do material ativo [94]. Isto é mais observado no caso dos nanobelts de MoO3 do que no caso dos nanobelts de PANI/MoO3, indicando que a ciclabilidade da inserção/extração de iões Li+ diminui após várias varreduras. Foram também observados resultados semelhantes nos compósitos PEO/MoO3 nanoblet e CX-SiO [94, 95].

Figura 4.28 Voltamogramas cíclicos de (a) nanobeltas de MoO3 (b) compósito de nanobeltas de PANI/MoO3 a 0,05 mol% para os primeiros cinco ciclos

4.4.7 Características de descarga da bateria

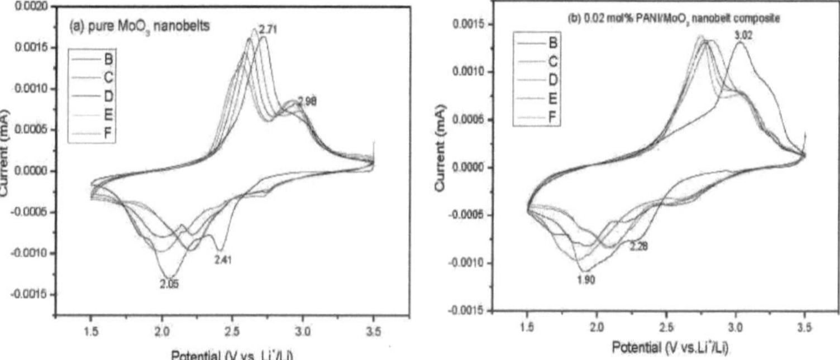

A Figura 4.29 mostra as características de descarga do MoO3 puro e do compósito de nanocamadas de PANI/MoO3 com diferentes proporções em peso a uma densidade de corrente de carga-descarga de 30,69 mAg^{-1} a 25°C. A capacidade específica inicial da nanocamada de MoO3 puro mostra 276 mAhg^{-1}, mas a sua acentuada depreciação no segundo ciclo de 200 mAhg^{-1} pode dever-se a alterações irreversíveis (como a cristalização) da estrutura do material após o primeiro processo de inserção/extração de iões de lítio e/ou a alguns dos sítios activos do material electroactivo estarem ocupados pelo lítio. O aumento da capacidade específica no terceiro ciclo de nanobeltas de MoO3 puro, em comparação com o segundo ciclo, deve-se provavelmente à fissuração da película causada pelo segundo ciclo. A fissuração ou os defeitos nas películas após o segundo ciclo permitem uma maior liberdade de carga volumétrica durante a inserção/extração de iões de lítio e, assim, a capacidade aumenta no terceiro ciclo [89]. Após 25 ciclos, a capacidade específica da bateria de nanocamadas de MoO3 puro mostrou 92 mAhg^{-1}, enquanto o compósito PANI/MoO3 mostra 171 mAhg^{-1}, o que sugere que a estabilidade da bateria de material compósito aumentou. A estabilidade de descarga do compósito de nanobelt de PANI misturado com MoO_3 aumenta em comparação com o nanobelt de MoOs puro porque o PANI ocupou algum espaço entre os nanobelts que aumentam a estabilidade cíclica e a reversibilidade devido ao aumento da inserção / extração de íons Li +. O compósito PANI/MoOs 0,05 mol% apresenta uma capacidade específica inicial superior à dos nanobelts de MoOs puros. Mas mostra uma capacidade específica muito menor após 15th número cíclico. A partir destes caracteres de descarga, o compósito misto de PANI a 0,02 mol% é um dos melhores candidatos possíveis para aplicações em baterias de lítio.

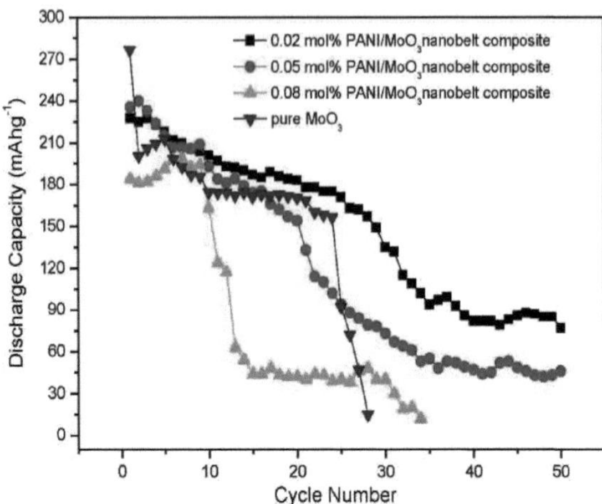

Figura 4.29 Curvas características de descarga de (a) nanobelts de MoOs e compósito de nanobelts de PANI/MoOs

4.4.8 Espectroscopia de impedância eletroquímica

A espetroscopia de impedância eletroquímica (EIS) é uma técnica bem estabelecida para estudar a cinética do elétrodo de materiais catódicos e anódicos [96]. A EIS pode fornecer informações sobre a película de superfície, a transferência de carga e as resistências globais do elétrodo, as capacitâncias associadas e a sua variação com a tensão aplicada durante o ciclo de descarga de carga [97]. Foram obtidos gráficos de impedância para as baterias de eléctrodos compósitos de nanobeltas de PANI/MoOs e de nanobeltas de MoOs puro a diferentes potenciais 2,0, 2,5, s.0V e s.5V, como se mostra na Figura 430.

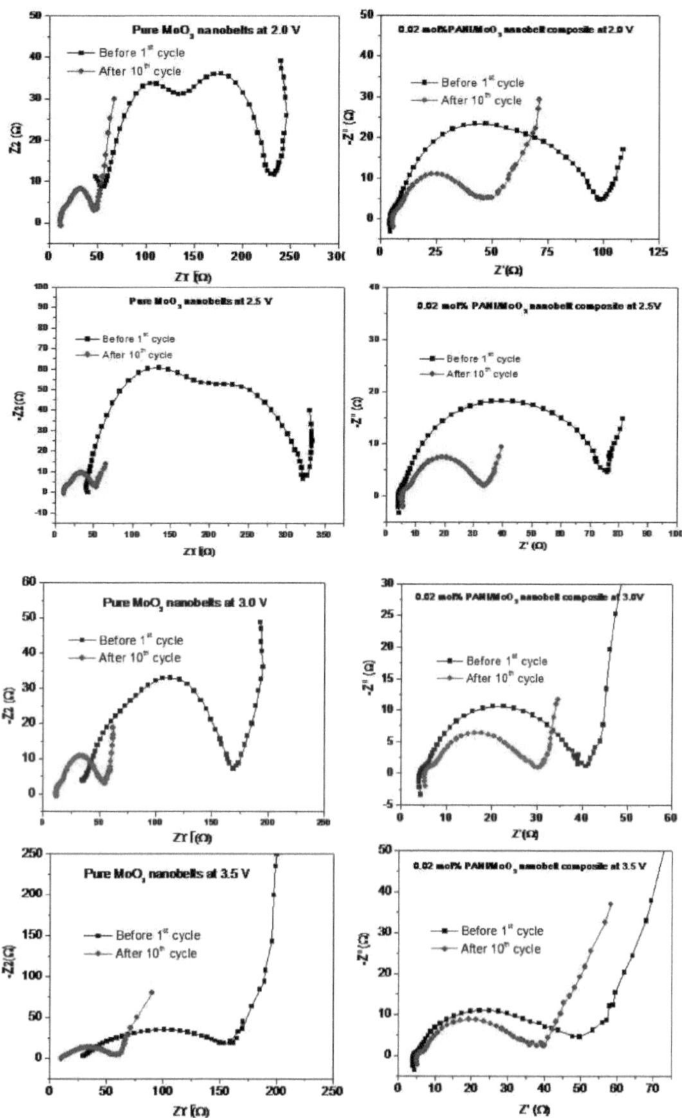

Figura 4.30 Gráficos de Nyquist (Z' vs. -Z") dos nanobelts MoO_3 e do compósito de nanobelt 0,02 mol% PANI/MoO_3 a vários potenciais de 2,0, 2,5, 3,0 e 3,5 V

Em primeiro lugar, a presença de um laço semi-circular a frequências mais elevadas é atribuída a reacções farádicas. A resistência medida (interceção do semicírculo ao longo do eixo x) é composta pela resistência iónica do eletrólito, a resistência intrínseca do material ativo e a resistência de contacto na interface material ativo/coletor de corrente. Na segunda região de frequência intermédia, a linha 45° C é a caraterística da difusão do ião Li+ na estrutura porosa do elétrodo. Em terceiro lugar, nas baixas frequências, a inclinação do gráfico de impedância aumenta e tende a tornar-se puramente capacitiva (linha vertical caraterística de um processo de difusão limitante), o que demonstra que a capacitância eletroquímica do material era mais elevada [98]. Como se pode ver na Figura 4.30, o compósito de nanocamadas de PANI/MoOs apresentou uma resistência muito menor na região de frequência mais elevada, indicando uma melhor condutividade eletrónica e uma menor resistência de contacto entre os materiais ou entre os materiais e o coletor de corrente, em comparação com os nanobelts de MoO3 puro. A razão provável é que o compósito de nanobeltas de PANI/MoO3 tem uma área de contacto muito melhor entre os materiais devido à distribuição homogénea da anilina, o que melhora a condutividade eléctrica [94]. O circuito equivalente que melhor se ajusta aos dados experimentais na gama de potencial 3,0 e 3,5 V para os nanobelts de MoOs e 2,0, 2,5, 3,0, 3,5 V para o compósito de nanocamadas de PANI/MoOs é mostrado na Figura 4.31(a) e pode ser expresso como

$$R_0(Q_1[Rct_1(Rd_1Q_2)] \qquad (4.6)$$

em que R0 é a resistência óhmica do elétrodo e do eletrólito, Qi, Q2 são os elementos de fase constantes, Rcti é a resistência à transferência de carga do processo Faradic que ocorre na interface óxido/eletrólito, Rd1 é a resistência iónica resultante da difusão dos iões de lítio. Mas a potenciais mais baixos de 2,0 e 2,5 V para os nanobelts de MoOa puro, apresenta dois semicírculos parcialmente sobrepostos nas frequências alta a média e uma linha reta inclinada a baixa frequência [99]. O circuito equivalente para este sistema de células está representado na Figura 4.31(b). Onde Q3 e RSEI são a capacitância e a resistência da interface eletrólito sólido (SEI) correspondentes ao semicírculo a alta frequência, Q4 e Rct2 (a capacitância de dupla camada e a resistência de transferência de carga, respetivamente) correspondem ao semicírculo a média frequência e Zw (a impedância de Warburg) corresponde a uma linha inclinada estreita a baixa frequência [100, 101]. Observou-se que o diâmetro do semicírculo a frequências altas e médias depende da taxa de transferência de iões Li^+ .

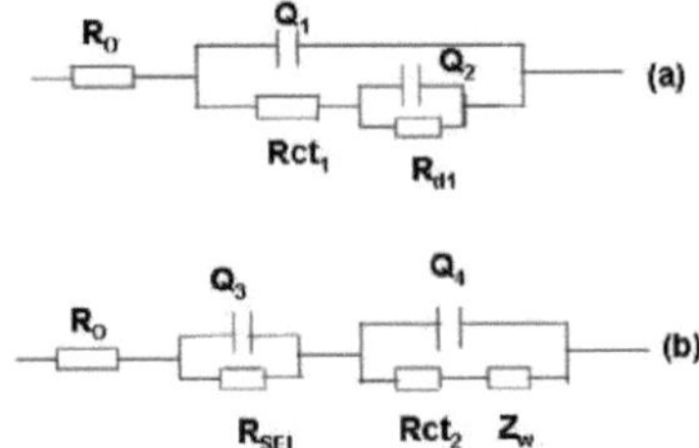

Figura 4.31 Circuitos equivalentes dos gráficos de impedância eletroquímica a (a) 2,0, 2,5, 3,0 e 3,5 V para o compósito de nanobeltas de PANI/MoO3, bem como a 3,0 e 3,5 V para as nanobeltas de MoO3 (b) 2,0, 2,5 V para as nanobeltas de MoOs

CONCLUSÕES

A análise dos espectros XRD e FTIR confirmou a complexação do sal LiAsF6 com o polímero PVA. Os espectros de DSC revelam a estabilidade térmica e a temperatura de fusão das amostras. Foi determinada a condutividade A.C. das amostras a diferentes temperaturas, bem como a várias concentrações. O número de transferência da amostra (PVA: LiAsF6) (90:10) foi de (tLi+=0,39). A energia de ativação da película (PVA: LiAsF6) (90:10) foi de 0,33 eV utilizando os espectros de perda dieléctrica vs. frequência a diferentes temperaturas. A amostra (PVA: LiAsF6) (75:25) + 5 wt%Al2O3 apresentou a carga específica mais elevada de todas as películas de electrólitos poliméricos.

As películas de eletrólito compósito de polímero (100-x)PVA + (x)LiAsF6 para x = 0, 5, 10, 15, 20, 25 e 30 wt% foram preparadas pelo método de fundição em solução juntamente com a incorporação de cargas cerâmicas de TiO2 de 0-7 wt%. Estas películas foram caracterizadas por XRD, FTIR, absorção ótica e medidas de condutividade. O aumento da condutividade com o aumento da concentração de LiAsF6 é atribuído à diminuição do grau de cristalinidade e ao aumento da amorfidade. A condutividade máxima de 5.10x10'4 Scm'1 foi observada nas películas de PVA: LiAsF6 (75:25) dispersas em 5wt% TiO2 a 320 K. O número de transferência de Li^+ da película de PVA: LiAsF6 (75:25) +5wt% TiO2 foi de 0,52. O bordo de absorção ótica e o intervalo de banda ótica (tanto direto como indireto) mostraram uma tendência decrescente com o aumento do teor do dopante. O aumento acentuado da condutividade eléctrica com o aumento do teor de sal dopante torna possível considerar este sistema eletrolítico para aplicações em dispositivos electroquímicos.

A análise dos espectros XRD confirmou a complexação do sal LiFePO4 com o polímero PVA. Os espectros DSC revelam a estabilidade térmica e a temperatura de fusão das amostras. Foi determinada a condutividade A.C. das amostras a diferentes temperaturas, bem como a vários teores. O número de transferência da amostra (PVA: LiFePO4) (75:25) foi encontrado como (tii+=0,40). A energia de ativação da película de (PVA: LiFePO4) (75:25) foi de 0,27 eV utilizando os espectros de perda dieléctrica. A amostra (PVA: LiFePO4) (75:25) + 25wt% PC apresentou a carga específica mais elevada de todas as películas de electrólitos poliméricos.

Foi introduzido um método hidrotérmico simples para a preparação de nanotubos de V2O5 e de nanotubos de V2O5 com surfactante PEO. Os padrões de XRD e os espectros de FTIR revelam que não há grande influência na estrutura cristalina do V2O5 através da utilização de PEO. A partir da imagem SEM, ficou claro que os nanotubos de V2O5 com surfactante PEO cresceram sob a forma de feixes. A partir das imagens TEM, os diâmetros interno e externo e as distâncias da rede cristalina foram de 11,64, 54 e 3,325 nm, respetivamente. Os voltagramas cíclicos indicam que os nanotubos de V2O5 com tensioativo PEO têm melhor estabilidade cíclica do que os nanotubos de V2O5. A bateria de eléctrodos de nanotubos de V2O5 apresentou uma capacidade específica inicial de 185 $mAhg^{-1}$, ao passo que os nanotubos de V2O5 com tensioativo PEO apresentaram 142 $mAhg^{-1}$ com uma densidade de corrente constante de 21,86 mAg^{-1} a 2,0-4,0 V vs. Li/Li^+ . Os testes electroquímicos dos nanotubos de V2O5 com tensioativo PEO mostraram uma melhor capacidade estabilizada após 10 ciclosth em comparação com os nanotubos de V2O5 devido à sua reação superficial.

Os nanobelts de MoO3 unidimensionais e os nanobelts de MoO3 com tensioativo PEG foram sintetizados utilizando um método hidrotérmico simples. Não se verificam alterações na estrutura mesmo após a adição de diferentes mol % de PEG surfactante aos nanobelts de MoO3. Os nanobelts de MoO3 com tensioativo PEG parecem ter uma capacidade específica mais elevada no quinto ciclo, 82,6%, em comparação com os nanobelts de MoOs puros (78,9%). As características de descarga da bateria revelam que os nanobelts de MoOs com tensioativo PEG a 0,5 mol% apresentam uma melhor capacidade específica estabilizada de 156 $mAhg^{-1}$ a 25 ciclosth e que é mais elevada do que os nanobelts de MoOs puros (92 $mAhg^{-1}$). Os nanobelts de MoOs com tensioativo PEG apresentaram uma menor resistência eléctrica em comparação com os nanobelts de MoOs puros.

Os nanobelts de VO2 e os compósitos de nanobelts PEO/VO2 foram preparados por um método hidrotérmico simples. A presença de PEO parece diminuir o comprimento e a largura dos nanobelts, mas não tem grande influência na estrutura cristalina do VO2. O comprimento e a largura típicos dos nanobelts são de cerca de 0,5-1,25 gm e 60-200 nm, respetivamente. Os resultados electroquímicos indicam que o compósito PEO/VO2 nanobelt tem uma capacidade específica inicial de 182 $mAhg^{-1}$, e a sua capacidade estabilizada continua a ser tão elevada como 125 $mAhg^{-1}$ após 50 ciclos. O desempenho eletroquímico melhorado aumenta através da redução das dimensões com a mistura de PEO entre os nanobelts de VO2 e também que protege a interação eletrostática entre os iões Li+ e os nanobelts de VO2.

Os nanobelts unidimensionais de MoOs e os compósitos de nanobelts de PANI/MoOs foram preparados por um método hidrotérmico simples. Os resultados de XRD revelam que não há alteração na estrutura após a mistura de 0,02 mol% de PANI nos nanobelts de MoOs, enquanto que a estrutura da amostra misturada com 0,05 mol% de PANI foi alterada para MoO2. Os voltamogramas cíclicos indicam que o composto de nanobelt PANI / MoOs parece ser uma capacidade específica estabilizada no quinto ciclo 88,93% em comparação com o de nanobelts MoO3 puros (78,90%). As características de descarga revelam que a bateria composta de 0,02 mol% PANI / MoO3 nanobelt mostra após 25 ciclos 171 $mAhg^{-1}$ que é uma capacidade específica mais estabilizada em comparação com a de nanobelts MoO3 puros (92$mAhg^{-1}$). A espetroscopia de impedância eletroquímica revela que o compósito de nanocamadas de PANI/MoO3 apresenta uma menor resistência eléctrica em comparação com as nanobeltas de MoO3 puro.

REFERÊNCIAS

[1] M. Faraday (ed.) Experimental Researches in Electricity. Série IV, Roya Institution, Londres, 1839.
[2] J. Frenkel (ed.), Kinetic Theory of Liquids, Oxford University Press, Nova Iorque, 1946.
[3] J.A.A. Ketelaar, Zeitschrift fnr, Physikalische Chemie B.26 (1934) 327.
[4] Y. Yao e J.T. Kummer, J. Inorganic and Nuclear Chem. 29 (1967) 2453.
[5] S. Chandra "Superionic Solids: Principles and Applications" North-Holland, Publishing Co., (1981).
[6] R. Haldik (ed.) Physics of Solid Electrolytes, Vol.1, Academic Press, Inc., Nova Iorque (1985).
[7] P. Hagenmuller, W.Van Cool (eds.), "Solid Electrolytes", Academic Press (1978).
[8] S. Geller (ed.) "Solid Electrolytes", Springer Verlag, Berlim (1977).
[9] W. Van Cool (ed.) "Fast Ion Transport in Solids", North Holland Publishing Co., (1973).
[10] A.L. Laskar, S. Chandra (eds.) "Superionic Solids & Solid Electrolytes - Recent Trends", Academic Press, New York (1989).
[11] P. Vashishta, M. Mundy, G.W. Shenoy (eds.) 'Fast Ion Transport in Solids', North Holland Publishing Co., (1977).
[12] M.B. Salamon (ed.) "Physics of Superionic Solids" Volume 15 Springer Verlag, Berlim, 1979.
[13] C.A.C. Sequeria, A. Hooper (eds.) "Solid State Batteries", série do Instituto de Estudos Avançados da NATO, Martinus Nijhoff Publishers, Dordrecht (1985).
[14] A.R. Allnatt, A.B.Lidiard, Atomic Transport in Solids" Universidade de Cambrodge, Londres (1993).
[15] B.E. Fenton, J.M. Parkar, P.V. Wright, Polym J. 14 (1973) 589.
[16] P.V. Wright, Br. Polym. J. 7 (1975) 319.
[17] M.B. Armand, J.M. Chabagno, M. Duclot, In: "Fast Ion Transport in Solids" P. Vashista, J.N. Mundy e G.K. Shenoy (eds.) North-Holland, Amesterdão (1979) pp.131.
[18] K.K. Maurya, S.A. Hashmi, S. Chandra, J. Phys. Soc. Jpn. 61 (1992) 1709.
[19] H.M.J.C. Pitawala, M.A.K.L. Dissanayake, V.A. Seneviratne Solid State Ionics 178 (2007) 885.
[20] M. Stolarska, L.Niedzicki, R. Borkowska, A. Zalewska, W. Wieczorek, Electrochim. Ata 53 (2007) 1512.
[21] F. Crose, S. Sacchetti, B. Scrosati J. Power Sources 161(2006) 560.
[22] A.J. Polak In: "Conductive Polymers and Plastics" J.M. Margdis (ed.) Chapman and Hall, New York (1989) 41.
[23] Shaowei Feng, Dongyang Shi, Fang Liu, Liping Zheng, Jin Nie, Wengfang Feng, Xuejie Huang, Michel Armand, Zhibin Zhou, Electrochimica Ata 93(2013)254.
[24] Julien Rolland, Elio Poggi, Alexandru Vlad, Jean-Francois Gohy, Polymer 68 (2015) 344.
[25] G.A. Nazri, G. Pistoia, Lithium Batteries Science and Technology, Kluwer Academic Publishers, Nova Iorque, 2004.
[26] D. Linden, T.B. Reddy, Hand book of Batteries MacGraw Hill Company, Nova Iorque, 2002.
[27] Kazunori Takada Ata materialia 61 (2013) 759.
[28] Brian L. Ellis, Linda F. Nazar, Current Opinion in Solid State and Materials Science 16(4)(2012) 167.
[29] B. Scrosati, F. Croce, L. Persi, J. Electro.Chem.Soc. 147 (2000) 1718.
[30] C.A. Vincent, J. Solid State Ionics 134 (2000) 159.
[31] T. Norby, J. Nature 410 (2001) 877.
[32] S-H Lee, P. Liu, M.J. Seong, H.M. Cheong, C.E. Tracey, S.K. Deb J. Electrochemical and Solid State Letters 6 (2003) 40.
[33] H. Ikeda, K.Tada, Applications of Solid Electrolytes, Eds.T. Takahashi, A.Kozawa, JES Press Inc., Cleveland, E.U.A., 1980. Cleveland, E.U.A., 1980
[34] M. White, Thin Solid Films,18 (1973) 157.
[35] L.V Gregov, In physics of thin films (eds) G. Hass, R.E. Thun, 3 (1966) 144.

[36] G.H. Jackson, Thin Solid Films, 5 (1970) 209.
[37] E.B. Mano, L.K. Durow, J. Chem. Ed, 50 (1973) 228.
[38] M. Mujahid Rafique, P. Gandhidasan, Shafiqur Rehman, Luai M. Al-Hadhrami, Renewable and Sustainable Energy Reviews 45 (2015) 145.
[39] M. White, Vacuum 15 (1965) 449.
[40] J. Miyoshi, K. Chino, Jpn. J. Appl. Phys. 6 (1967) 81.
[41] P.P. Luff, M. White, Vacuum 18 (1968) 437.
[42] A.F. Perveev, G.A. Maranova, I. Pribory Teckhnika Experiment 4 (1969) 200.
[43] Y. Marakami, T. Shintani, Thin Solid Films 9 (1972) 301.
[44] S. Rajendran, M. Sivakumar, R. Subadevi, J.Power sources 124 (2003) 225.
[45] M. Ravi, S. Bhavani, K. Kiran Kumar, V.V.R. Narasimaha Rao, Ciências do Estado Sólido 19(2013) 85.
[46] Akimitsu Ishihara, Shotaro Doi, Shigenori Mitsushima, Ken-ichiro Ota, Electrochimica Ata 53(16)(2008)5442.
[47] I.H. Pratt, P.C. Lausman, Thin Solid Films 10 (1972) 151.
[48] P.P. Prosini, S. Passerini, Solid State Ionics 146 (2002) 65.
[49] A.W. Stephens, W. Levina, J.Jr. Fench, T.J. Zrebieco, A.V. Cafiero, A.M.Garofalo, Thin Solid Films 24 (1974) 361.
[50] M.S.Z. Warc, Disc. Faraday Soc. 2 (1947) 46.
[51] W.F. Gorham, J. Poly. Sci. 4 (1966) 3027.
[52] J. Evans, C.A. Vincent, P.G. Bruce, Polymer 28 (1987) 2324.
[53] P.G. Bruce, C.A. Vincent, Electroanal. Chem. Interf. Electrochem. 225 (1987) 1.
[54] F. Panero, B. Scrosati, H.H. Sumathipala, W. Wieczorek, J. Power Sources, 167 (2007) 510.
[55] R.G. Linford, In: "Solid State Materials" S. Radhakrishna, A. Daud (eds.), Narosa Publishing House, New Delhi (1991).
[56] Sheng-Jian Huang, Hoi-Kwan Lee, Won-Ho Kang, Journal of the Korean Ceramic Society 42 (2005) 77.
[57] H. Hema, S. Selvasekerapandian, A. Sakunthala, D. Arunkumar, H. Nithya, Physica B: Condensed Matter 403 (17)(2008) 2740.
[58] V.M. Mohan, V. Raja, A.K. Sharma, V.V.R.Narasimha Rao, Mater. Chem & Phys. 94 (2005) 177.
[59] A.A. Mohamad, N.S. Mohamad, M.Z. AYahya, R. Othman, S. Ramesh, Y. Alias, A.K. Aroof, Solid State Ionics 156 (2003) 171.
[60] P.B. Bharagav,V.M. Mohan, A.K. Sharma, V.V.R. Narasimha Rao, International Journal of Polymeric Materials 56 (2007) 579.
[61] Yajuan Yang, Changhua Liu e Haixia Wu, Polymer Testing 28(4)(2009) 371.
[62] M. Hema, S. Selvasekarapandian, D. Arun Kumar, A. Sakunthala e H. Nithya, J. Non-Crystalline Solids 355 (2009) 84.
[63] P.B. Bhargav, V.M. Mohan, A.K. Sharma e V.V.R. Narasimha Rao, Current Applied Physics 9 (2009) 165.
[64] Shadpour Mallakpour, Elham Khadem, Progress in Polymer Science 51 (2015) 74.
[65] F. Croce, S. Sacchetti, B. Scrosati, Power sources 161 (2006) 560.
[66] S. Ramesh, A.H. Yahana, A.K. Aroof, Solid state Ionics 152-153(2002) 291.
[67] Nicola Boaretto, Christine Joost, Mona Seyfried, Keti Vezzu, Vito Di Noto, Journal of Power Sources 325 (2016) 427.
[68] R.I. Mohamed, Phys. Chem. Solids 61 (2000) 1357.
[69] L. Fan, Z. Dang, G. Wei, C.W. Nan, M. Li, Mater. Sci. Eng. B 99 (2003) 340.
[70] G.Girish kumar e N.Munichandraiah, Electrochim.Ata 47 (2002) 1013.
[71] S.Raghu, Subramanya Kilarkaje, Ganesh Sanjeev, G.K. Nagaraja, H. Devendrappa, Radiation Physics and Chemistry 98 (2014) 124.

[72] Gursel Sonmez, Philippe Schottland, J.R. Reynolds, Metais sintéticos 155 (2005) 130
[73] S. Rajendran, M. Siva Kumar, R. Subadevi, Mater Lett 58 (2004) 641.
[74] W.A.Castro,V.H.Zapata, R.A.Vargas, B.E. Mellander, Eelectrochimca Ata 53 (2007) 1422.
[75] D. Stauffer, A. Aharony, Introduction to percolation theory, segunda ed., Taylor and Francis, Londres (1992).
[76] C.J. Zhang, B.H. Kim, Y.W. Park , Current Applied Physics 6 (2006) 964.
[77] H. Randriamahazaka, F. Vidal, P. Dassonville, C. Chevrot e D. Teyssie, Synthetic Metals 128 (2002) 197.
[78] Qiu-Feng Lu, Mei-Rong Huang, Xin Gui Li, Chem. Eur. J. 13 (2007) 6009.
[79] D. S. Davis, T. S. Shalliday, Phys. Rev., 118 (1960) 1020.
[80] G. M. Thutupalli, G. Tomlin, J. Phys. D: Appl. Phys. 9 (1976) 1639.
[81] A. Goswami, A.P. Goswami, Thin Solid Films 16 (1973) 175.
[82] Changlu Shao, Hak-Yong Kim, Jian Gong, Bin Ding, Douk-Rae Lee, Soo-Jin Park, Mater. Lett. 57 (2003) 1579.
[83] J. Gurusiddappa, W. madhuri, R. Padma Suvarna, K. Priya Dasan, Materialstoday Proceedings 3(6)(2016) 1451.
[84] C.S. Sunandana, P. Sentil Kumar, Bull. Mater. Sci. 27 (2004) 1.
[85] Ch.V. Subba Reddy, E.H Walker, Q.L. Williams, R.R. Kalluru, Current Applied Phys.9(6) (2009) 1195-1198.
[86] Ying Wang, Guozhong Cao, Electrochim. Ata 51(2006) 4865.
[87] W. Chen, Junfeng, L.Q. Mai, Q.Y. Zhu, Q. Xu J. Mater.Lett. 58 (2004) 2275.
[88] L.Q. Mai, W. Chen, Q. Xu, Q-Y. Zhu J. Micro-Electronic Engg. 66 (2003) 199.
[89] W. Chen, L-Q. Mai, Y. Qi, Y. Dai, J. Phy. Chem. Solids 67 (2006) 896.
[90] Ch.V Subba Reddy, H. Edwin, Walker Jr, W. Chen, S-il Mho J. Power Sources 183 (2008) 330.
[91] L-Q. Mai, B. Hu, W. Chen, Y. Qi, C. Lao, R. Yang, Y. Dai, Z.L. Wang, Adv. Mater. 19 (2007) 3712.
[92] A.V. Murugan, M.V. Reddy, G. Campet, K. Vijayamohanan, J. Electroanal.Chem. 603 (2007) 287.
[93] Y. Iriyanma, T. Abe, M. Inaba, Z. Ogumi, Solid State Ionics 10 (2000) 95.
[94] Xianxia Yuan, Ya- Jun Chao, Zi- Feng Ma, Xiaoyan Deng, Electrochem. Commun. 9 (2007) 2591.
[95] Y. Qi, W. Chen, L-Q. Mai, Q.Y. Zhu, A. Jin, Int. J. Electrochem. Sci. 1 (2006) 317.
[96] M.V. Reddy, Y. Ting, C.H. Show, Z.X. Shen, C.T. Lim, G.V. Subba Rao, B.V.R Chowdari, Adv. Funct. Mater. 17 (2007) 279
[97] B. Das, M.V. Reddy, C. Krishnamoorthi, S. Tripathy, R. Mahendiran, G.V. Subba Rao, B.V.R. Chowdari, Electrochim. Ata 54 (2009) 3360.
[98] Zhong-Ai Hu, Yu-Long Xie, Yao- Xian Wang, Li-Ping Mo, Yu-Ying Yang, Zi-Yu Zhang, J. Mater. Chem. Phys. 114 (2009) 990.
[99] M. Wagemaker, G.J. Kearley, A.A. Van Well, H. Mutka, F.M. Mulder, J. Am. Chem. Soc. 125 (2003) 840.
[100] H. Huang, W.K. Zhang, X.P. Gan, C. Wang, L. Zhang, Mater. Lett. 61 (2007) 296.
[101] Y.F. Wang, M.Y. Wu, W.F. Zhang, Electrochim. Ata 53 (2008) 7863.

LISTA DE PUBLICAÇÕES

1. **V.M.Mohan**, Aiping Jin, Weiliang Qiu, Wen Chen, Propriedades estruturais e eléctricas de filmes compósitos de eletrólito polimérico (PVA+LiAsFe) (11th **Asian Conference** on **Solid State Ionics**, 9th - 13th June, 2008, p 607-619)
2. **V.M.Mohan**, , WeiliangQiu, JieShen, Wen Chen

Propriedades eléctricas de películas de electrólitos poliméricos compósitos de LiFePO4 à base de álcool polivinílico (PVA) **(Polymer Research, 17 (2010) 143)**

3. **V.M.Mohan**, WeiliangQiu, Yuan Gao, Wen Chen
Estrutura, propriedades eléctricas e ópticas de filmes electrólitos compósitos de polímeros (PVA/LiAsF6), **(Polymer Engineering & Science 50 (2010) 878)**

4. **V.M.Mohan**, Bin Hu, Weiliang Qiu, Wen Chen, Síntese, desempenho estrutural e eletroquímico de nanotubos de PEOX5V2O5 como material catódico para baterias de Li (**J. Applied Electrochemistry 39(2009) 2001)**

5. **V.M.Mohan,** Hu Bin, Wen Chen,
Melhoria das propriedades electroquímicas do elétrodo de MoOsnanobelts utilizando PEG como agente tensioativo para baterias de lítio
(Solid State Electrochem. 14 (2010) 1769)

6 **V. M. Mohan** . Kenji Murakami,Wen Chen,
A influência do PEO na síntese e propriedades electroquímicas de nanobelts de VO2 e VsO7-nH2O como cátodo para baterias de lítio,
(Internatinal Journal of Ionics, 18 (2012) 607)

7. Weiliang Qiu, **V.M.Mohan**, H.M.Huang, C.S.Jiang, H.X.Liu, Wen Chen, Propriedades estruturais e electroquímicas do material híbrido V2O5-WO3 Xerogel-Polianilina para aplicação em baterias de lítio (11th **Asian Conference** on Solid State Ionics, 9th - 13th June, 2008, p 687-695)

8. **VarishettyMadhu Mohan**, Wen Chen, Kenji Murakami
Síntese, Estrutura e Propriedades Electroquímicas de Nanobelt de Polianilina/MoO3 Compósito para bateria de lítio, (**Journal of Materials Research Bulletin, 48 (2013)603)**

AGRADECIMENTOS

É com enorme prazer que expresso a minha sincera gratidão ao meu estimado orientador, Prof. Wen Chen, da Escola de Ciência e Engenharia de Materiais, pela sua valiosa orientação e grande interesse ao longo do progresso deste trabalho.

Estou extremamente grato ao Prof. Qing Xu, Prof. Ying Dai, Prof. Jing Zhou, Prof. Mai, Dr. Liu, Dr. Zhao, Dr. Aiping Jin, Dr. Shen, Dr. Jin Wei, Xi Long, Jinjin Du, Deng Zhao pelo seu encorajamento e ajuda.

Expresso os meus agradecimentos especiais ao Dr. Hu Bin por ter prestado assistência pessoal às nossas actividades de investigação durante todo o período em que trabalhei aqui.

Expresso os meus sinceros agradecimentos ao pessoal do Centro Internacional da Universidade de Tecnologia de Wuhan e ao pessoal da estação móvel de pós-doutoramento pela sua cooperação e ajuda.

Gostaria de expressar os meus sinceros agradecimentos aos nossos estudantes de laboratório Sarvasree Weiliang Qiu, Bo Li, Baitao Dong, Jiaqi Wu, Yuan Gao, Li Yu, Jiebing Bao, Lin Xu, Qian Gao, Huiqing Zheng, Chengyong Zhang e Wenji Gao, estudantes da Universidade de Tecnologia Química de Pequim, pelo seu grande interesse no trabalho, cooperação individual e assistência alegre durante a realização do seu trabalho.

Expresso os meus sinceros agradecimentos ao Prof. V.V.R. Narasimha Rao. A.K. Sharma, ao Prof. S. Buddhudu, ao Dr. Ch.V. Subba Reddy, ao Dr. Raja, ao Dr. P. Bhalaji Bhargav, ao Dr. M. Ravi e ao Dr. Anil Kumar Reddy pelas suas valiosas discussões e cooperação ao longo da minha carreira académica e de investigação.

Expresso o meu profundo sentimento de gratidão aos meus pais. Agradeço também ao meu irmão e às minhas irmãs pela sua compreensão, que me ajudou muito durante este trabalho.

Por último, agradeço à Universidade de Tecnologia de Wuhan pelo apoio financeiro sob a forma de uma bolsa de pós-doutoramento que me permitiu trabalhar para o meu pós-doutoramento e que me proporcionou as instalações necessárias. Este trabalho é apoiado pela China Postdoctoral Science Foundation (CPSF; No; 20080440966), pela National Nature Science Foundation of China (No. 50672071) e pelo Programa para Bolseiros Changjiang e Equipas de Investigação Inovadora em Universidades, Ministério da Educação, China (PCSIRT) (No. IRT0547).

V. Madhu Mohan

21 de agosto de 2017.

Printed by Books on Demand GmbH, Norderstedt / Germany